# 向上吧！女孩

日本文响社编辑部 编　罗越 译

中信出版集团 | 北京

星期天晚上

哎——明天要上班……

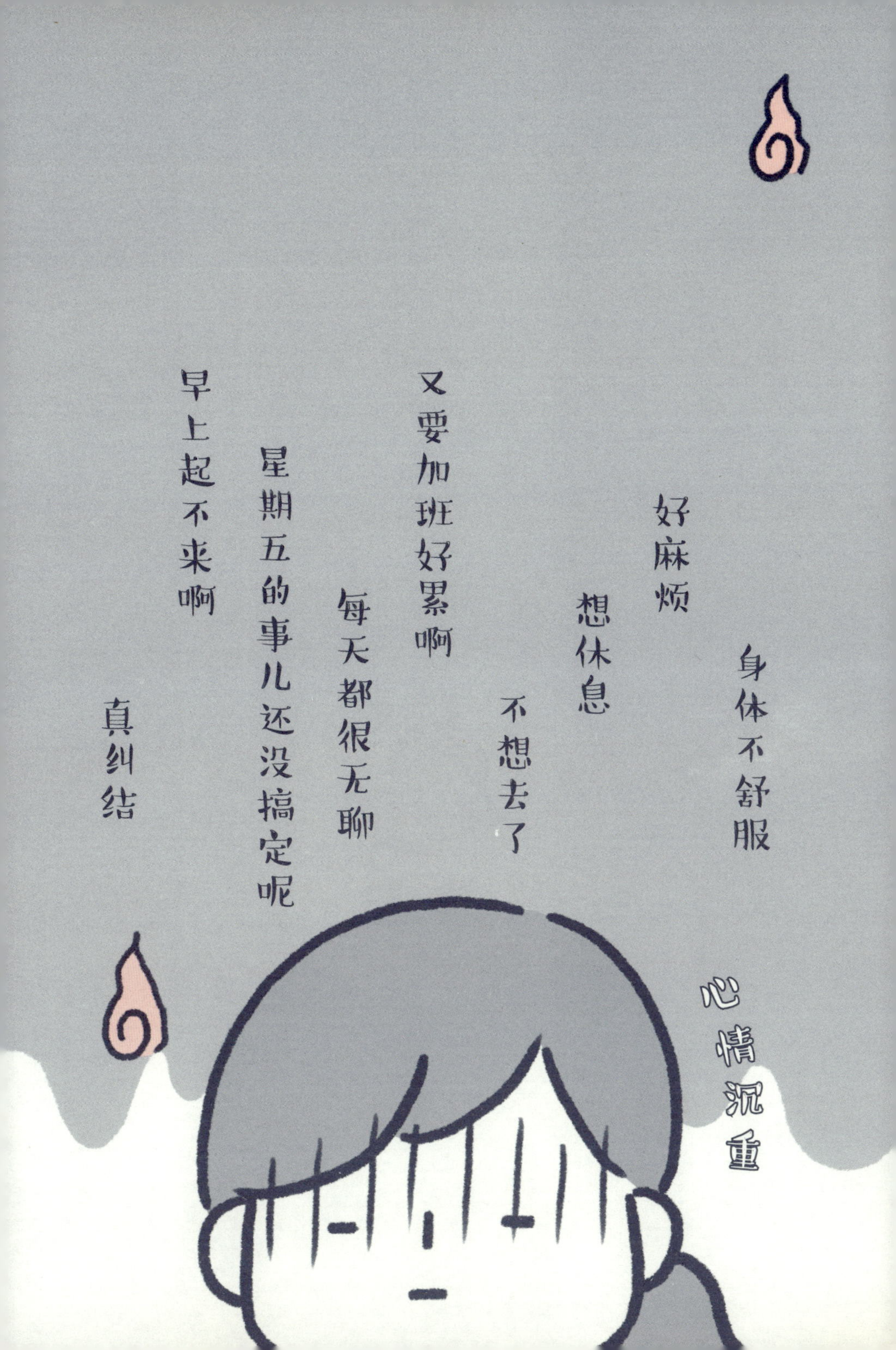
身体不舒服
好麻烦
想休息
不想去了
又要加班好累啊
每天都很无聊
星期五的事儿还没搞定呢
早上起不来啊
真纠结
心情沉重

起床、工作、睡觉

每天循环往复真的好吗

你好——
我是独角兽尤尼酱
很高兴认识你
闪亮登场
好麻烦 想休息
不想去了
身体不舒服
每天都很无聊
早上起不来啊
闷闷
不乐
啊？

看你这么纠结，
让我来帮助你吧
凑近
凑近
闷闷
好麻烦
想休息
这是什么动物
每天都很无聊
身体不舒服
它在说什么？
不乐
往后退

大口
吞食
撕裂
闷闷
好麻烦
想休息
身体不舒服
每天都很无聊
它在吃着什么东西？
不乐
呃！
什么？

呼—
我吃饱了
呼—
早上精力充沛
睡得很好
人际关系融洽
下雨天也有好心情
上班路上美美哒
坐地铁像玩游戏
在办公桌前状态满格
工作其实很有意思
工作效率变高
整个人都不同了！

这本书你会需要的

谢……谢谢你啊……

# 第一幕 MORNING
## 好啦，天亮了！
~出门前的工作秘诀~

登场人物

**水纪**

IT 公司行政

开朗、活泼。最近开始尝试攀岩。

**治子**

出版社职员

有点内向，但聊到书就滔滔不绝。

**尤尼酱**

神秘的独角兽。
自在、优雅、我行我素。
每当察觉到职场女生的负能量，
她就会踩着小碎步翩然降临，
为所有在努力的女生加油打气。
宠物是羊驼。

**由美**

医院前台

温柔、甜美系。
同时超爱恐怖片。

**佐江**

IT 公司销售

能力强、御姐范儿。
也有细腻的一面，

# 第二幕 MORNING

# 搞定，出门咯！

## ~通勤中的工作秘诀~

## 第三幕 DAYTIME

## 加油，努力工作！

~上班时的工作秘诀~

搞定

奖励自己

最好的伙伴

更主动地
做出回应

## 第四幕 DAYTIME

## 差不多了，下班还是加班？

~收尾阶段的工作秘诀~

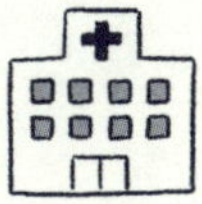

## 第五幕 NIGHT

# 回到家，开始为明天做准备！

## ~前一天晚上的工作秘诀~

好香啊~
呼~吸~
呼~
超级解压

# 第一幕

## 好啦，天亮了！

~出门前的工作秘诀~

MORNING

# 哎——真不想去上班

## 赶走困倦

# 早晨的精神调节术

1

### 为自己准备一顿甜甜的美味早餐

能把自己从被窝里拉起来，赶走“睡意”的，也只有“食欲”了。香浓的奶油布丁、热咖啡和甜甜圈，让人不禁食欲大开。

2

### 冲一个热水澡

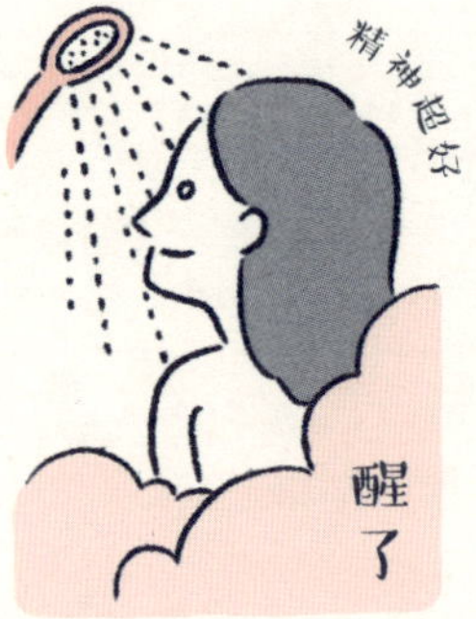


如果想要立刻赶走睡意，起床后直接去冲个澡。通过温度和水流的刺激，让人从休息模式切换到活跃模式。

3

### 用碳酸水让身体由内而外苏醒

碳酸水能通过气泡的刺激，让迟钝的思维活跃起来，口腔内部也会很爽快。

## 4 设定明确的『出发信号』

咕嘟
慢慢品尝
喝完这杯咖啡就出门哦

有些人到了公司就能自然而然进入工作状态，可就是懒懒地不愿意出门。为自己设定一个出发的信号，例如看完天气预报或是喝完咖啡，立刻动身。

## 5 用闪亮的饰品打扮自己

嘻嘻
闪闪亮亮

挑选几款闪亮的饰品，把自己打扮得漂漂亮亮的，这样也会更愿意出门。耳环、戒指、项链、手镯、手链等，带水钻或能反光的都可以。

## 6 『先把今天熬过去』做好这样的心理准备

今天过去就好了……

不要去想距离假期还有几天，而是转换思路，想着“先把今天熬过去再说”。如果随意请假，可能会让工作心情更沉重，得不偿失。

## 7 在公司周围找到一家特别心仪的店

在公司附近找一家心仪的咖啡店，去那里买早餐，让上班成为一件令人期待的事情。

旁边还有家店的拿铁很不错，买了去公司喝！
右盼
左顾
去那家店买好吃的面包吧……

MORNING

# 难道不能偶尔休息一下吗
## 那些听起来很合理的借口

**“昨天晚上烧到 38℃，烧还没退……”**

前一天还很精神，晚上突然发高烧，这种情况并不少见。而且烧到 38℃，通常会伴随呕吐、关节疼痛、体虚发汗等症状，非常难受。因此，病情好转回到公司上班，表现出食欲不振，并且要准时下班。流感高发期，如果有人问起，要及时回答“已经检查过，不是流感”。

**“肚子痛，每隔半个小时就要去一次洗手间……”**

用虚弱的口气告诉同事，就算来公司，也完全无法投入工作。次日，经常去洗手间，给人还没完全康复的印象。

**“例假来了，特别严重，坐都坐不起来……”**

例假是非常合理的请假理由，即便觉得忍一忍就过去了，也不要勉强去公司上班，借这个机会多休息一下。

平时你那么努力，偶尔偷个懒没关系。

## 迟到、早退的情况

**“忘记带钱包，回去拿了一下……”**

常有的情况，表现出慌忙的感觉，或是自嘲一下“我真是个马大哈”。

**“驾照丢了，去补办了一下……”**

丢了钱包的你，驾照自然也丢了。为了免于被盗用，及时挂失补办证件很重要，当然也要把相关信息查询清楚，以便应对。

**“昨晚眼镜坏了，这就去修理……”**

适用于戴眼镜的重度近视者，当然如果平时佩戴隐形眼镜，这个借口就不再适用了。

**“约了一个医生，对方只有今天有空……”**

也许有人会质疑，为什么不约在周六或下个月的某一天，你可以解释说，长期在这家医院找这位医生，时间不由自己做主。

**“我睡过头了，实在不好意思！”**

如果偶尔迟到，这个理由大家都能理解，甚至会对你产生亲近感，觉得你很真实。

MORNING

不知道穿什么，然后迟到了

# 穿搭与气温
# 解决通勤服饰的两大烦恼

COORDINATION

## 减少因穿搭带来的压力

### 预先搭好一周的衣服

“今天穿什么好呢？”早晨特别匆忙，如果随便挑了一套，常常会后悔一整天。忙中出错，选择的衣服可能不适合今天特定的 TPO（时间、地点、场合）。所以，预先准备很重要，前一天晚上可以根据天气预报适当添减。

### 选择色彩简洁的服装

看看衣橱，色彩鲜艳的衣服是不是太多了呢？适当增加一些黑白灰的基本款，让你的工作装更具统一性，搭配起来也更容易。

### 连衣裙是最佳拍档

如果不太善于搭配衣服，连衣裙是最简单不过的选项。多准备几件吧。与不同的单品进行搭配，一周多穿几次也 OK。

**你的丝袜或内搭裤还 OK 吗？**

在一整套装扮中，看不见的部分往往会影响你的自我感受。丝袜或内搭裤有没有起毛球？丝袜有没有抽丝破洞？注重这些细节，你会不知不觉地自信起来。

# “今天要不要穿外套？”气温与服装的关系

穿衣服主要参照白天的平均气温，如下图所示。怕冷的人不妨根据最低气温选择，这样能最大程度保暖。

**30℃以上**

### 特别热

穿着无袖的服装，在公司可以披一件外套。

**26℃~29℃**

### 热

选择尼龙等相对凉爽隔热的材质。

**21℃~25℃**

### 很舒服

早晚温差比较大，可以选择短袖配外套。

**16℃~20℃**

### 有点冷

通过多件叠穿，有效调节体温。

**12℃~15℃**

### 冷

双排扣风衣是基本款，毛衣也可以适当搭配。

**7℃~11℃**

### 非常冷

厚重的保暖外套是时候出场了，活用围巾增添暖意。

**6℃以下**

### 特别冷

请参考 P26~27。

## 想了解更多天气情况……

每个地区天气各异，想要了解更多天气情况，可以登录相关网站。有些网站还会贴心地提供穿衣建议。

“气温”与“体感温度”是两码事。风大时，体感温度会下降，要关心一下有没有风哦。

MORNING

今天有重要的事

第一印象绝佳！

# 通过场合倒推穿搭的秘诀

## 裤装还是裙装？

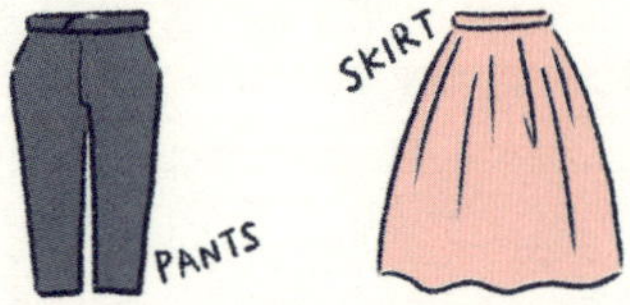


平时给人乖巧印象的你，在重要的场合选择裤装，会显得更有进取心。如果想要表现协调能力和谦虚的一面，就选择裙装。考虑到工作时间比较长，不想穿着丝袜，裤装也是好选择。

## 要不要配外套？

与上级会面，或场合相对正式，外套是必不可少的。相对轻松的场合就不必考虑那么多。

## 什么颜色？

颜色会影响你给别人留下的印象，色彩与性格的关联大致如下。

| | | | |
|---|---|---|---|
| 黑色 | 有决断力、知性 | 橙色 | 善于社交、友善 |
| 红色 | 高调、进取 | 蓝色 | 清爽、冷静 |
| 黄色 | 明快、朝气 | 藏青 | 值得信赖、诚实 |
| 粉色 | 温柔、亲切 | 褐色 | 安全、沉稳 |

## 要介绍 PPT 展现知性和品位

首饰选择简单的款式。

头发扎在比较低的位置，看起来很稳重。

简单的连衣裙配外套，衬衫配窄裙也很好。

在做讲解时，人们的视线主要集中在胸部以上。因此要特别留心，不要走光。

## 跟人初次见面 展现清爽感与可信度

发型清爽，发饰等尽量减少。

指甲要干净，甲油选择自然色系。交换名片时，手指很抢镜。

香水少喷一些，或者不喷。有些人对香味敏感。

裙子最好及膝，穿着套装也不错。

露肤度不要太高。

鞋子擦得亮亮的。

MORNING

根本没时间化妆！

糟糕，得赶紧出门了！

# 险些迟到的早晨，超快速化妆的秘诀

## 最低限度的妆容四大基本步骤

### STEP1 不用洗面奶

用温水洗脸，这能让你精神焕发，皮肤也能得到滋润。

### STEP2 不用功效各异的基础化妆品

紧要关头，准备一款兼具化妆水、美容精华、乳液、隔离等多重功效的单品。

### STEP3 注重底妆和眉毛

皮肤和眉毛对妆容有决定性影响。底妆很简单，用 30 秒涂抹 BB 霜即可。最后把眉毛补全。

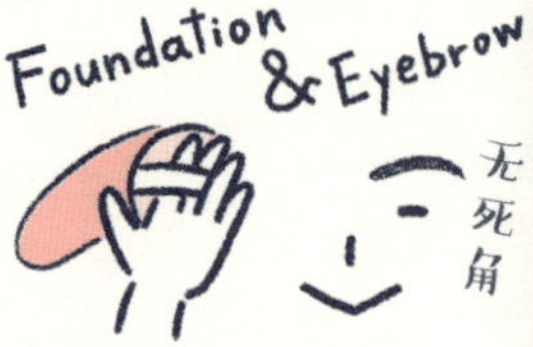


### STEP4 唇部涂抹红色唇膏

给脸部增添色彩，营造淡淡的妆感。偏爱唇彩也 OK，到公司前补个颜色即可。

1 分钟搞定！

## 三选一，其他能省则省！强调神采的超快速妆容

### 今天只用眼影！

选择棕色渐变眼影盘，用食指简单涂抹即可呈现精致妆效。最好准备 3 ~ 4 种不同色号的眼影。眼窝整体涂抹珠光色系用以提亮，眼睑边缘则以深色勾勒，卧蚕涂抹珠光色能营造立体感。

### 今天只用睫毛膏！

让睫毛卷翘能提升眼部整体的存在感，就算只涂刷下睫毛，也能让眼睛更有神。

### 今天只用眼线！

在睫毛根部区域用眼线笔进行勾勒，让双眸看起来更大、更有神。

让困倦的眼眸
彻底醒过来
30 秒小按摩

用大拇指按压眼部上方，向上推压（3 秒 ×3 组）。

用食指按压眉毛，向上推压（3 秒 ×3 组）。

用指腹柔和按压眼部周围的皮肤。

如果一觉醒来发现状态奇差，看来只能戴口罩了，所以眼镜和口罩是必备单品。

MORNING

# 早晨，让头发不再揪心的小方法

## 毛毛糙糙……一点都不服帖……

## 这头发，太丑了

### 头发睡得不服帖……有办法！

**短发女生**

**用发蜡 + 发饰进行打理**

①在发梢处取一部分发丝，涂抹发蜡，营造自然的蓬松感。
②戴上头箍之类的发饰，固定发丝，感觉工作很利落。

**中长发女生**

**用半盘发进行打理**

将侧面的发丝拧转，归拢于头后侧，随手打造往往更自然。

**长发女生**

**用盘发进行打理**

①用手指梳理发丝，在耳朵下方位置准备进行盘发。
②抓起发梢穿过橡皮筋上方，简单的盘发就完成了。

## 早上起来，头发为什么会乱糟糟呢？

这主要是因为洗完头之后，发丝没有充分干燥。发丝湿润的情况下，表面组织没有充分闭合。如果直接入睡，就会出现扁塌等现象。因此，想要预防发丝毛糙，充分吹干是关键。

### 第二天很服帖！正确的吹发方法和顺序

**首先对发根位置进行吹发**

将发丝撩起，对发根进行吹发。

**中段的发丝要 45 度斜吹**

从发根到发梢，顺着发丝的方向吹风。

**从上到下进行吹风**

一边吹，一边用手指梳理，固定发丝。

从发根开始吹很重要，凡事都要从根本着手。

MORNING

# 发型，总觉得哪里不对劲

## 今天想要有点不一样

# 摆脱一成不变，一分钟发型打理

基础发型

## 刘海在发缝儿处分开

HAIR ARRANGE 1

### 用发卡装饰耳畔

选择一款可爱的发卡，让单调的刘海看起来不一样。

HAIR ARRANGE 2

### 打造蓬皮杜造型露出额头

扩大脸部的面积，给人干劲十足的印象。

HAIR ARRANGE 3

### 戴上发箍

紧跟流行，或选择一款经典的发箍。

基础发型

# 中长发基础马尾辫

HAIR ARRANGE 1

## 在较高位置扎马尾

将马尾的归拢位置适当提高，看起来更有活力。

HAIR ARRANGE 2

## 在头后较低位置打造丸子头造型

归拢发丝，在发梢施加卷度，发根用 U 型夹固定。特别适合戴帽子。

HAIR ARRANGE 3

## 尝试编发造型

为马尾增添编发元素，看起来成熟了不少。

发型与流行紧密相关，可以在美容院做头发或美容时向专业人士了解一下。

MORNING

反正没有别的约会……

出门前为自己打打气

# 那些提高美的意识的话语

**笑容**

是女人最好的

**装饰。**

——玛丽莲·梦露

如果不适合自己的身形，再喜欢的造型我都不会尝试。
如果不适合特定的场合，
再喜欢的衣服我都不会穿。

——吉永道子

**只要努力绽放，**
**每一朵花都是美丽的。**

——《植物画奖》广告用语

二十岁的脸是天生的。
三十岁的脸是生活雕刻的。
但五十岁的脸，是你自己选择的。

——可可 · 香奈儿

女性行为之美的魅力，其精髓在于情态的温柔。

——弗朗西斯 · 斯科特 · 菲茨杰拉德

唇膏是女人的盔甲。

——凯拉 · 奈特莉

我们每天都照镜子。我们通过镜子认识自己。
但其实，我们最该看的是自己的背影。

——佐藤爱子

女人即使 90 岁也应该涂指甲油。

——阿内丝 · 尼恩

MORNING

# 关于丝袜的小窍门

## 希望不会抽丝

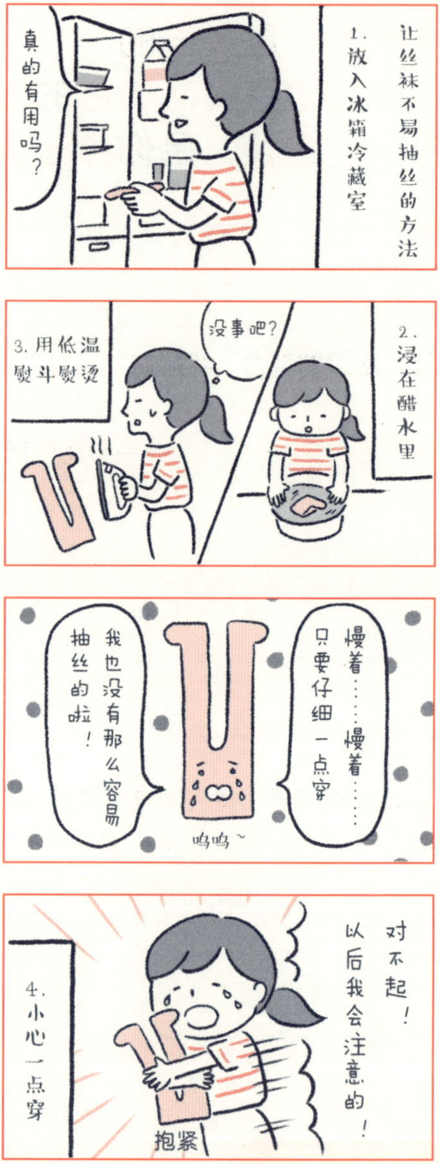

# 第二幕

# 搞定 出门吧

~通勤中的工作秘诀~

总是同一条路，没意思

让习以为常的风景光彩夺目

# 上班途中的新鲜小贴士

## ①寻找当日的话题

看似司空见惯的风景，其实也是不错的“谈资”。例如你看到有人在遛狗，如果仔细观察，或许还能发现狗主人总是穿着猫咪图案的 T 恤等细节特征，将此与同事们分享。

## ②通过植物感受季节变化

四季的变化是很有趣的事，在上班途中找到一棵心仪的树，每天关注它的变化。

## ③了解更多不知名的花草

在街角巧遇不知名的花草，想要知道它们的名字，这些书值得推荐：《缝隙间的植物世界》（塚谷裕一著，中公新书）、《用花与叶区分野草》（近田文弘顾问，龟田龙吉、有泽重雄著，小学馆）。

## ④去寺庙让心绪得到净化

在上班途中如果路过寺庙的话，顺道一访，让自己的心绪得到净化。没时间进入正殿，只在门外遥拜也 OK。

## ⑤用数字做占卜

手表、街道的标识、数码计时牌……走在路上我们经常能看到很多数字，不如来做个占卜吧。

0 “无 / 白纸” →任何事，都要回归初心 。
1 “第一 / 最棒 / 领导力” → 对自己的决定有信心 。
2 “协调 / 配合” →聪明地避免矛盾和纠纷。
3 “完成 / 成功” →洽谈、做发表会比预想中顺利。
4 “完成 / 安定 / 基础” →安心做事的一天。
5 “行动力 / 好奇心” →值得尝试新事物的一天。
6 “神秘 / 美” →你的优点一定会有人发现。
7 “幸运 / 胜利” →关键时刻，要相信自己 。
8 “繁荣 / 丰富” →与周围的人分享自己拥有的东西。
9 “发展 / 灵感” →有充分的空间，多吸收养分。

MORNING

不妨改变一下交通方式

吹着风，心情畅快！

# 骑自行车上班的准备和选购技巧

**骑自行车上班的好处**

- 随时可以出发
- 不用挤上班高峰的列车
- 感受四季的变化
- 省下交通费
- 减肥、锻炼身体

耶~
从今天开始
做自行车女生
坐垫套
侧边包

## 骑自行车上班之前的准备

首先是地图，查询从住处到公司的距离，有多少千米？最佳路线是什么？挑一个休息日，实际骑一趟。时间的话，5 千米大致需要 20 分钟。另外，公司附近的停车点也要事先找好。

### 对了，包包怎么放?

推荐单肩包或双肩背包，在自行车侧面放置包包会比放在前部车篮稳定。

### 自行车饰品琳琅满目！

- 安装车铃、坐垫套，或是套上车把套、车篮套等，自行车一下子就可爱起来。
- 炎热的夏天可以在等红灯的时候补充水分，安装水壶架非常实用。
- 反光贴是保障行车安全的必备单品，挑选喜爱的颜色、形状，感觉就像挂饰一样。

## 挑选自行车的诀窍

从没买过自行车，选购之前你需要了解以下常识。

**POINT.1**

### 主要的种类

考虑到价格因素，适合上班骑行的自行车主要是越野车和山地车。越野车适合走街串巷，山地车骑乘更舒适，适合高低起伏的路况。

**POINT.2**

### 车体的重量和材质

普通的自行车大约 20 公斤。适合上班骑行的自行车要在 14 公斤以内，以适合应对顶风骑行或上下坡等状况。铁制单车虽然便宜，但既重又会生锈。

**POINT.3**

### 尽可能选择变速车

选择变速车，灵活应对上下坡和想要加速骑行的情况。

**POINT.4**

### 选择更稳定的轮胎

上班途中绝对不能爆胎，不如先了解一下路况，作为在选择轮胎时的参考。

重量较轻的自行车大概需要一两千元，与几百元的廉价车相比虽然贵一些，但如果考虑到使用年限，还是物有所值的。

MORNING

# 不妨改变一下交通方式

## 开车上班，状态满分

# 享受完整的独处时光

### ①找个景色好的地方，一个人吃早餐

在视野开阔的高台或是能看到水面的地方停车，享受愉悦的晨间时光，这就是拥有私家车的福利。在汽配店选购车用配件，还能一边坐在驾驶座上，一边打开手提电脑回复工作邮件。

### ②悄悄地独自练唱

不用担心被别人看到或听到会很丢脸，在私家车里悄悄练习唱歌和发声技巧吧。参考专业的发声训练，震动唇部，尝试高音、低音、真假音转换，在下一次卡拉 OK 时技惊四座吧。

### ③私家车也是观众席

“相声”和“讲书”之类都是听觉的享受，私家车也是最好的观众席，就算没有接触过也值得尝试，很多图书馆都可以借阅 CD。

### ④听广播提高感受力

广播因为没有画面，反而能够刺激人的想象力，让大脑活跃起来。听广播还有助于培养专注力，特别是广播剧。一边开车，一边发挥想象力吧。

### ⑤参与晨间广播节目

当你开始对一档广播节目情有独钟时，尝试参与到节目中，点播歌曲。例如在下班途中给节目发送短信，期待着自己的点播会被主持人留意到，这会是很有趣的体验。

MORNING

# 无死角防寒手册

## 冬天暖意融融

**太冷了不想出门**

### 脱下来竟然有这么多

**上半身的话……**

**真丝！**

真丝具有较强的保湿效果，与人类的皮肤构成相似，都以蛋白质为主要成分，因此很适宜作为内衣或护腰的材质。

丝质内衣

＋

保暖内衣 ＋ 保暖护腰

**下半身的话……**

分趾袜 ＋ 厚毛袜

袜子选择纯棉材质，比尼龙等更保暖。

＋

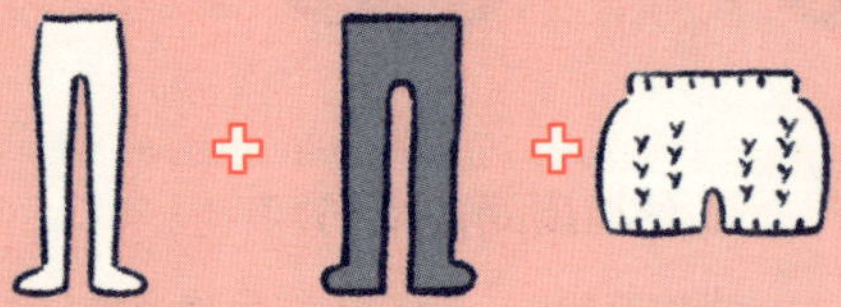

薄尼龙保暖裤 ＋ 厚毛裤 ＋ 绒线裤

# 要温度不要风度！俄罗斯套娃造型

### 耳罩保护耳朵

耳朵是很容易被忽视的地方，为了让耳朵免受寒风的侵袭，别忘了为自己挑选一款耳罩。一旦用上就离不开了呢。

### 帽子

帽子是重要的保暖单品，俄罗斯帽虽然保暖效果好，但上班用似乎有点夸张……选择普通的绒线帽吧。

### 内衣选择高领

颈部周围的保暖也非常重要。冬季就算天天穿高领内衣也不会显得奇怪。只要做到彻底防风，保暖效果就会显著提升。

### 羊绒围巾

羊绒相比其他纺织物，纤维更为紧密，具有更强的保暖效果，价格也较贵。另外，羊绒的肌肤触感也更柔和。

### 手套保护双手

在日常生活中，寒风很容易从手腕处侵入，戴上手套杜绝寒风的入侵。

### 外套内搭摇粒绒

摇粒绒是非常出色的内搭材质，很多登山者或户外运动爱好者都会穿着轻便的摇粒绒。天冷时在外套里搭上一件吧。

### 含绒靴子

双脚的寒冷会让整个身体感到不适。在冬天，选择一款带绒毛内衬的靴子，阻绝寒风的侵入吧。

### 夏天来了？让人产生错觉的单品

**内衣温热贴** 使用方法类似于卫生巾，在内衣上粘贴温热贴。如果天气特别寒冷，可以预先准备，让身体由内而外温暖起来。

**足用暖宝宝** 这款产品可以在鞋子里粘贴，也可以贴在袜子上下，对双足进行温热，给人泡脚般的温暖感觉。

MORNING

太热了不想出门

# 到公司的时候依旧『清清爽爽』！酷暑时节上班更轻松

## 彻底告别“腋下出汗”的三大对策

### ①吸汗片

在衣服上粘贴吸汗片，帮助吸收汗液。

### ②带吸汗片的内衣

有些短袖或无袖内衣会附带吸汗片，洗干净后可以重复穿着，非常实惠。

### ③衣服的防水加工

在衣服上喷洒防水喷雾，能预防汗水留下斑点和发黄问题。

### 更进一步，可以尝试明矾水

在超市和药妆店能够买到明矾水，它具有除臭、抗菌、抑汗等功效，价钱也很便宜。将其装在便携容器中，随时可以进行喷洒。

#### 材料

- 明矾 20g（约 1 大匙）
- 水 500ml
- 塑料瓶

#### 做法

在塑料瓶中加入水和明矾，盖上盖子，静置一晚，呈无色透明即可。

※ 初次使用务必在手腕内侧试涂一下，避免可能发生的敏感与不适。

# 忘记暑热，凉爽自如！

## 在衬衫喷洒冷却喷雾更舒爽

出门前，在衣服上喷洒冷却喷雾，能在 1 ~ 2 小时内持续提供清凉感。炎热的夏天不妨试一下。

## 看雪山或暴风雪的视频

反其道而行之，通过观看以寒冷为主题的视频，给予大脑相反的暗示，也能稍微改善炎热带来的烦躁情绪。

## 携带一把好看的扇子

携带一把折叠扇，在站台等需要等候的场合拿出来，一丝凉爽的风能起到收汗的效果。

## 用手帕包裹冰袋为颈部降温

颈部有较粗的血管通过，为颈部周围降温能有效调节体温。

## 闻到汗味时，用湿毛巾擦拭

汗臭是由皮肤上的细菌引起的。闻到汗味时，应该用湿毛巾进行擦拭。准备一瓶香氛精油，只需要一滴就能让人恢复精神。毛巾擦完后可以放入密封袋。

穿着白色、黑色等纯色，或是黑白条纹、小碎花等服饰，汗渍相对不太显眼。

MORNING

汗水会导致脱妆，真麻烦

把暗沉、出油、毛糙降到最低

# 不惧汗水的彩妆小窍门

## 不易脱妆的底妆基本要点

SKIN CARE 1

### 收缩毛孔

洗脸后，先用冷毛巾或冰袋等冷敷，让毛孔充分收缩，预防脱妆。

SKIN CARE 2

### 充分保湿

在湿度较高的季节，很容易忽视保湿的重要性。肌肤的干燥会导致脱妆，选用保湿效果较强的护肤品，不要偷懒。

SKIN CARE 3

### 不要立刻涂粉底

等待化妆水、精华液、乳液等充分渗透吸收，再涂抹底妆产品。护肤保养完成 5 分钟后再涂粉底，通常不会脱妆。

SKIN CARE 4

### 彻底清除多余油脂

鼻子周围、额头等出油重灾区，要用吸油面纸进行预先处理。

# 不惧汗液，彩妆的小诀窍

诀窍 1

## 睫毛膏不脱妆的方法

• 防水

指的是能对抗汗液、水分和油脂，不容易脱妆，但需要用卸妆产品进行清洁。

• 耐水

能对抗汗液和水分。

• 温水可卸

能对抗油脂，同时温水即可卸妆。

诀窍 2

## 避免眉毛消失的方法

在化妆前，用沾湿的棉签将眉毛周围底妆的油分清除干净，妆后轻轻压上一层散粉，加强妆效持久度。

诀窍 3

## 避免熊猫眼的方法

睫毛膏和眼线是造成熊猫眼的主要原因。在卧蚕区域擦上散粉，上眼睑边缘的眼线不要涂太多，用棉签进行调整。

诀窍 4

## 保持妆效的方法

手掌和手指就是不可多得的彩妆工具。例如眼影和腮红，用手指蘸取并涂抹，用手掌按压定妆，能让妆容更服帖。

诀窍 5

## 保持光洁感的方法

散粉的颗粒非常细小，很容易吸收油脂或汗液。如果眼妆容易脱妆，在眼睛下方涂抹散粉提亮即可。

出汗特别严重的话，先涂个防晒，到公司后再化妆吧。

MORNING

# 上班途中的美白大作战

## 彻底抵御紫外线

**绝对不能被晒黑！**

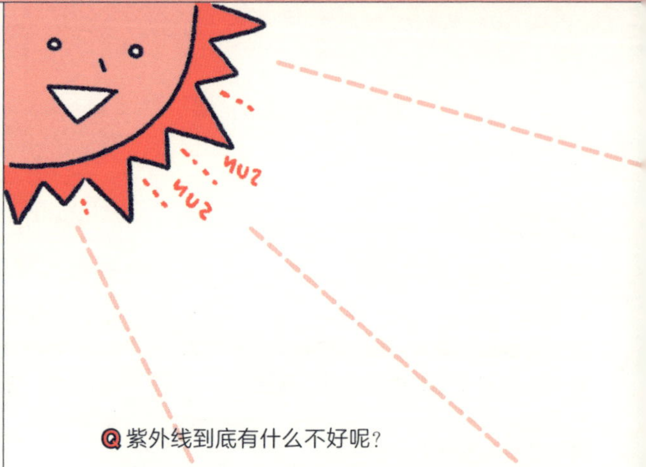

**Q** 紫外线到底有什么不好呢？

**A** 紫外线可不仅仅是产生色斑这么简单，它会损害胶原蛋白，导致肌肤失去弹性。因此，紫外线也会加重细纹和松弛，致使皮肤加速老化。

**Q** 阴天紫外线是不是比较少？

**A** 错，紫外线可以穿过云层。相比于晴天，阴天的紫外线强度大约为六成左右。紫外线的影响是日积月累的，阴天也要防晒。

**Q** 防晒霜上写的 SPF 和 PA 有什么区别？

**A** SPF 值代表阻隔 B 类紫外线的能力。UV-B 能到达表皮，让肌肤泛红，是色斑的罪魁祸首。SPF 最大值为“50+”。PA 则表示阻隔 A 类紫外线的能力。UV-A 能到达真皮层，伤害胶原蛋白。PA 最大值为“+ + + +”。

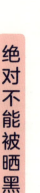

# 全副武装，阻隔紫外线！

## 阳伞的挑选

### ① UV 阻隔率和遮光率有什么差别？

UV 阻隔率越高越好。遮光率主要指的是可视光线，避免光线太过刺眼，对皮肤的保护作用并不大。当然，两个指标都较高的产品是最佳选择。

### ②什么颜色比较好？

只要进行过特殊的 UV 加工，任何颜色都 OK。值得一提的是，阳伞的内侧选择黑色或藏青等深色，可以阻隔来自地面反射的紫外线。

### ③什么材质比较好？

较厚的材质能更好地阻隔紫外线，推荐麻、丝等材质。

## 宽檐帽

与阳伞类似，选择进行过阻隔 UV 加工的帽子，任何颜色都 OK。帽檐在 7cm 以上，能阻隔六到七成的紫外线。

## UV 眼镜

在上班路上戴 UV 防护眼镜，避免紫外线对眼睛的伤害。

## UV 披肩

不但能阻隔紫外线，还能在空调强劲的室内起到保暖作用。

**这些地方不要漏涂 CHECK LIST**

- □手
- □锁骨
- □耳朵
- □脚背
- □脖子
- □脚尖

## 体内的 UV 护理

维生素 C 能够抑制黑色素的生成。由于维生素 C 很容易被排出体外，所以要通过日常饮食和营养剂多多补充。

阳伞在使用一段时间后，效果会打折扣哦。2 ~ 3 年后就需要更换了！

MORNING

## 下雨天不想出门

### 一点小心机

# 暗暗期待下雨天的六个准备工作

**准备1** 准备一把精美的雨伞

正因为雨天比较容易烦闷，在挑选雨伞时，不妨考虑色彩亮丽鲜艳的款式。如今很多时尚品牌都推出了雨伞，选择非常多样。

**准备2** 准备一双精致的雨鞋

下雨天谁都不希望鞋子被弄湿，准备一双雨鞋，跟雨天的小烦恼说再见。市面上的雨靴越来越精致了。

**准备3** 准备一个防水手提包套

将平时使用的手提包装在防水套内，就不用担心雨天会把包包弄湿，也免去了换包的麻烦。同样的，雨天更应选择鲜艳的颜色。

### 雨天的注意事项

**需要准备的是？**

下雨天如果想继续穿着平时的服饰，在出门前喷洒防水喷雾，起到阻隔雨水的作用。

**不方便穿的是？**

长裙和裤子容易被雨水弄湿。另外淡色衣服也容易擦上牛仔裤或皮包的颜色，要格外留心。

准备 4

## 买一件以雨天为主题的饰品

找找看雨伞形状的耳环、雨滴形状的项链等以雨天为主题的饰品吧。以彩虹为主题的单品也很吸引眼球。只在雨天戴出去，让下雨天特殊起来。

感觉还蛮好的呢
踩过一个又一个水塘
雨点
轻盈

准备 5

## 购买一个雨伞挂钩

设计独特的雨伞挂钩使用方便，在公司办公桌上、咖啡馆的椅子上挂上雨伞，一眼就能找到自己的座位。颜色和形状种类繁多。

准备 6

## 事先准备好一套雨天的装扮

在杂志上找到一套可供参考的造型，预先为下雨天设计完整的服装和发型，把雨天变得更有活力。

### FASHION

心情绝佳

低筒雨靴，配上迷你连衣裙最合适不过。

瘦腿牛仔裤配雨靴。花朵纹样很可爱。

### HAIR

在脸部两侧拧转发丝加以固定，避免凌乱。

湿度较大的时候，尝试将三股辫归拢在一侧。

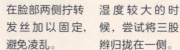

MORNING

# 下雨天没有干劲

# 为下雨天设立专门的『主题』，全身心投入

雨天很容易让人心情烦闷。正因为这样，用以下这些和雨天有关的话语，为自己加油鼓劲吧。

## 没下雨先备伞

【意思】

未雨绸缪，以防万一，避免失败。

下雨天，心情不好的可不单单是你一个。在这样的日子，你的同事、客户心情可能也很糟糕，如果能比平日做得更多、更好，展现从容不迫的姿态，周围人一定会对你加倍信赖。

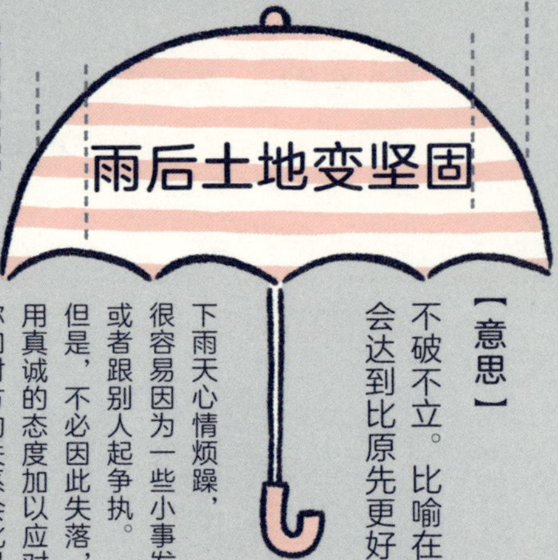

## 雨后土地变坚固

【意思】

不破不立。比喻在纷争或破坏之后，会达到比原先更好的状态。

下雨天心情烦躁，很容易因为一些小事发脾气，或者跟别人起争执。但是，不必因此失落，用真诚的态度加以应对，你和对方的关系会比以前更好。

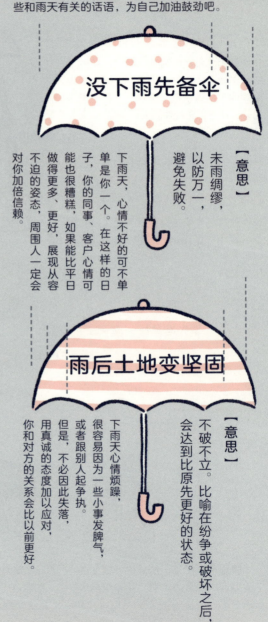

【意思】

如雨滴般微小的力量，只要在同一个地方持续努力，终能击穿岩石。持续努力一定会有成果。

如果你觉得每天都在做重复性的工作，怀疑这样的生活究竟有没有意义，不妨倾听雨滴的声音。那个对每一件小事都兢兢业业的你，一定有人看在眼里。

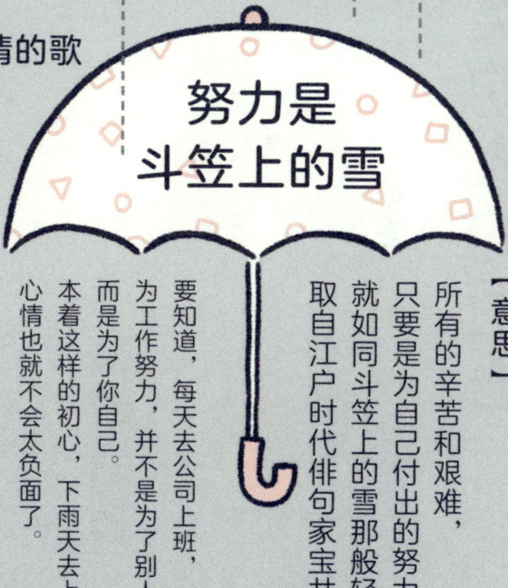


【意思】

所有的辛苦和艰难，只要是为自己付出的努力，就如同斗笠上的雪那般轻盈。取自江户时代俳句家宝井其角的名句。

要知道，每天去公司上班，为工作努力，并不是为了别人，而是为了你自己。本着这样的初心，下雨天去上班，心情也就不会太负面了。

## 听一些雨天也能带来好心情的歌

### ♫《雨停了》

**Remioromen**

爽快的歌。歌词从雨停了写起，节奏轻快。如同蔚蓝天空般的歌声，瞬间吹走阴霾。

### ♫《群青日和》

**东京事变**

充满能量的歌。无论多大的雨，把它视为推动自己的力量，为自己加油鼓劲。

### ♫《雨中亲吻的花束》

**今井美树**

让烦人的雨天变得像爱情电影般浪漫。歌词很有画面感。

MORNING

## 就是不喜欢下雨

不如换个角度想想。例如

# 『金风玉露』这类动人的词语

**【雨夜的月亮】**

在雨天，月亮被云层遮蔽，我们只能依靠想象，在脑海中重现月亮的倩影。表达对恋人的思念。

**【银竹】**

比喻大雨如注时，在厚厚云层间洒下的光线。

**【青时雨】**

在郁郁葱葱的青绿树叶上滑落的雨滴，让人不禁联想到滋润大地的『及时雨』。

### 雨天的名言

雨总会停的。……以前下过的雨，都已经停了。（电影《雨停了》）

晴天就爱晴天，雨天就爱雨天。有乐趣的时候享受乐趣，没乐趣的时候也乐在其中。（吉川英治）

**【红雨】**

在杜鹃花、木瓜花、
芍药等红色花朵上滴落的雨水。

**【香雨】**

有美妙香气的雨水。

**【樱雨】**

在樱花盛开时下的雨。

**【遇雨】**

偶尔遭遇的雨水。

**【洒泪雨】**

七夕之夜的雨。
象征依依不舍的牛郎和织女流下的泪水，
无法实现的爱恋会化作雨水降落人间。

下雨天不抱怨。
雨天有雨天的过法。
（东井义雄）

有山观山，有雨听雨。
（种田山头火）

MORNING

# 找到座位的小窍门

## 不要为小事焦躁不安

列车上没有座位

### 不要排在最靠近楼梯的一侧等车

最靠近楼梯的一侧由于乘客较多，上车需要的时间更长。向站台内侧走，车上的乘客相对少一些，更容易找到座位。

### 最炎热的季节选择弱冷车厢

最炎热的季节，弱冷车厢的乘客相对比较少。冷气较充足的车厢由于挤满了人，温度往往也没有那么低。

### 三列队伍选择中央一列

如果车门前的队伍排成三列，那么比起左右两侧，中央一列上车会相对快一些。

**这些人可能快要下车……**

- 经常向窗外张望
- 经常看手表
- 查看换乘情况
- 将正在阅读的书收起
- 把包袋提了起来

**这些人没那么快下车……**

- 正在读很厚的书
- 贴着远处某个目的地的标签贴纸
- 背着书包
- 舒服地瘫坐在位子上
- 穿着远处某个学校的制服

### 如果还是没有座位的话……

如果还是没有座位，要知道，站立时消耗的卡路里是坐下时的两倍。以 50kg 体重的女性为例，坐 30 分钟消耗 22kcal，而站立的话则会消耗 45kcal。换个角度想想，站着其实也不错……

### 通过窗户的反射留意状况

通过窗户的反射，随时留意身后或车厢死角的状况，了解是否有人下车。

MORNING

# 列车太挤好累心

## 就算挤得动弹不得
## 这些乘车小贴士能缓解不适

### 香薰手帕、口罩让心情更愉悦

准备一个密封袋，在随身携带的手帕或口罩上滴几滴香薰精油。在乘坐交通工具时，如果因气味感到不适，取出手帕或口罩，就能立刻与异味保持距离。香味的力量就是这么强大。

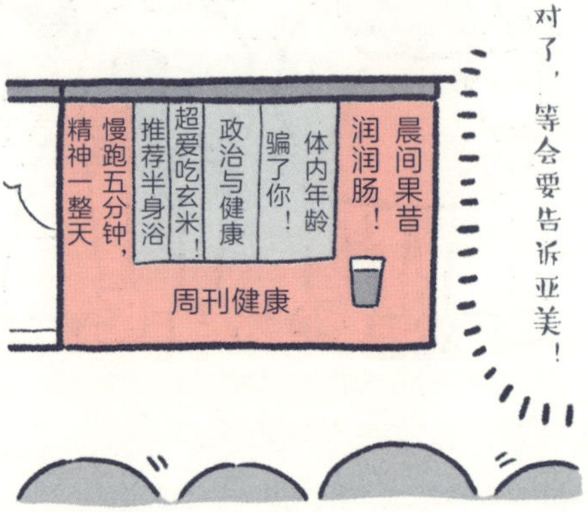


### 观察周围，寻找聊天的话题

观察车厢内的广告牌和招贴画，把这段时间用来收集新鲜资讯，到公司后这或许会成为不错的谈资。

## 偷学路人的时尚灵感和彩妆手法

每当换季时，留心观察同龄人的服饰和彩妆，经常能够发现不少灵感和潮流元素，比看杂志或上网更直接。

## 通过冥想平静身心

如果条件允许的话，闭上眼睛，与周围的环境隔绝，通过腹式呼吸集中注意力，消除头脑中的杂念，让心情恢复平静。

## 雨天乘坐列车要注意什么？

### 把湿的雨伞装起来

在站台将湿漉漉的雨伞收在伞套或袋子里，避免弄湿自己或别人的衣服。

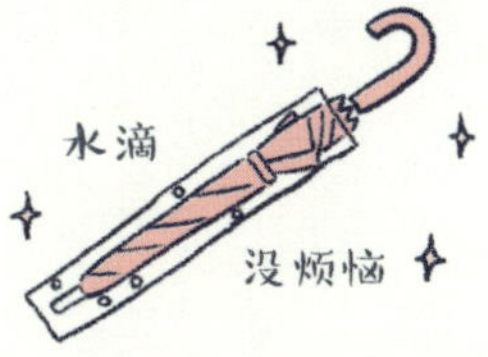

MORNING

# 乘车的时间好无聊

## 把每一站当成娱乐

## 沉浸在『小故事』之中

RECOMMENDED STORIES

### 适合上班途中阅读的
### 超短篇 & 袖珍故事

#### 古典爱情故事让人心驰神往

**《恋爱日语》**

（小山薰堂著，幻冬舍文库）

“纤弱”“须臾”“夕轰”“刹那”……用古典日语串联而成的爱情故事。感伤的爱情、心动的爱情、悲哀的爱情……一边乘坐列车，一边沉浸在文字中，抬起头邂逅属于你的爱情。

#### 解谜让人欲罢不能

**《2 分钟的悬疑》**

（唐纳索博尔著、武藤崇惠译，早川悬疑文库）

2 页一个小故事，总计 71 则悬疑故事，以问答形式呈现。给你与长篇小说截然不同的轻快节奏感，坐一站车就能读上一则。化身侦探，挑战形形色色的案件吧。

#### 超脱日常让人脑洞大开

**《波子小姐》**

（星新一著，新潮文库）

除了标题同名作品以外，该书汇集了多篇质量上乘的微小说，让人脑洞大开。在作者笔下，平淡的日常生活总是充满奇思妙想。

#### 不可思议的旅程让人身临其境

**《小旅行》**

（森绘都著，集英社文库）

“无赖 55 号”与“搭便车的洋子”携手踏上旅程，最终发展成一场声势浩大的“借东西大战”。作者幽默的笔调令人身临其境。

### 找寻你认为最重要的

**《短篇工厂》**

（集英社文库编辑部编，集英社文库）

《太阳的法则》写一对夫妻面临关系到地球存亡的决断；《千代子》写玩偶与人的牵绊；《约定》写为了拯救同伴制造时间机器……充满希望的故事集。

MORE RECOMMENDED

**《生活的哲学 101 个放松的方法》**

（罗热 - 保尔 · 德鲁瓦著，铃木邑编）

不禁想要尝试的体验型哲学生活小巧思。

**《上班途中来读诗》**

（小池昌代编，生活人新书）

在摇晃的列车中邂逅动人而富有共鸣的语句。

**《世界曲奇》**

（川上未映子著，文春文库）

让人内心变得柔软的散文集。

**《柿种》**

（寺田寅彦著，岩波文库）

充满感情和科学的观点，引人深思。

### 浮现全新的灵感

**《Click ～佐藤雅彦超短篇集》**

（佐藤雅彦著，讲谈社）

《屈辱》写草莓的真心话；《鳗鱼》写文具店的故事；《邮票》写互相对立的视角……颠覆常识与惯性思维的短篇集，让它激活你的创造力。

### 像吃零食般胃口大开

**《小市场》**

（田丸雅智著，光文社文库）

《咖啡素》写受困于咖啡店的奇妙砂糖；《巧克力女孩》写太爱吃巧克力，身体整个变成巧克力的女孩；《搜索料理》写一家能够帮人找到遗失物品的餐厅……故事不仅异想天开，还很美味呢。

### 你绝对不敢一个人读

**《5 分钟吓到你！可怕的故事》**

（这个悬疑了不起编辑部编，宝岛社文库）

《我的咖喱饭》写被好朋友和恋人背叛的女孩亲手做的料理；《泥潭地藏》写某个小村落的奇妙风俗……该书由多篇令人毛骨悚然的短篇小说组成，绝对会让列车中的阅读时间乐趣满分。

情节不重要，能轻松阅读的最适合！

MORNING

上班路上，难道不是在浪费时间？

确定主题，逐步完成！

# 用书和电影让上班时间更有意义

很多人虽然想利用乘车时间阅读，但苦于不知道如何挑选适合自己的作品。值得推荐的做法是，参考某项文学奖的获奖作品，或是挑选某一位感兴趣的作家，集中地阅读一系列获奖作品、获奖作家作品，为你打开新世界的大门。

## 书店大奖获奖作品一览

- □ 第1届 《博士心爱的算式》（小川洋子著，新潮社）
- □ 第2届 《夜晚的野餐》（恩田陆著，新潮社）
- □ 第3届 《东京塔》（利利·弗兰克著，扶桑社）
- □ 第4届 《化作一瞬之风》（佐藤多佳子著，讲谈社）
- □ 第5届 《金色梦乡》（伊坂幸太郎著，新潮社）
- □ 第6届 《告白》（凑佳苗著，双叶社）
- □ 第7届 《天地明察》（冲方丁著，角川书店）
- □ 第8届 《推理要在晚餐后》（东川笃哉著，小学馆）
- □ 第9届 《编舟记》（三浦紫苑著，光文社）
- □ 第10届 《被称作海盗的男人》（百田尚树著，讲谈社）
- □ 第11届 《村上海盗的女儿》（和田龙著，新潮社）
- □ 第12届 《鹿王》（上桥菜穗子著，角川书店）

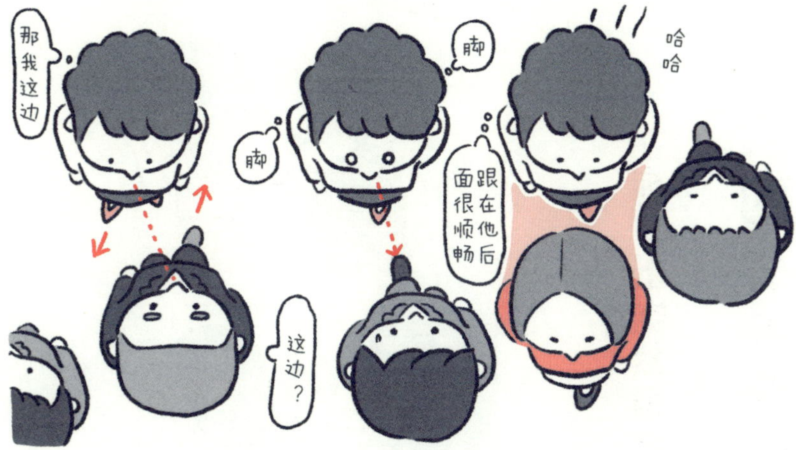


### 镜子型

与交错而过的行人进行视线接触，确定双方行走的路线。但是，有时候过度的视线接触反而会导致停顿。

### 低头型

低头观察周围人的动向，进而决定自己的路线。如果只是低头看着自己眼前，虽然别人也会让你，但容易与操作手机的行人相撞。

### 跟随型

看准一个能够快速穿越人流的行人，跟在他身后。这样一来，与其他人相撞的可能性也会大大降低。

---

交错而过时，不用改变步姿，换一只手拿雨伞，避免雨水淋到对面的行人。

在狭窄的通道行走时，留心对面走来的人，优雅地让出通道。

MORNING

## 在列车上突然相互撞到

# 应对小冲突的心理调适

## 第三幕

# 加油，努力工作！

~上班时的工作秘诀~

DAYTIME

# 总是无法顺利启动工作模式

## 早晨的秘密仪式

# 打开工作的开关！

### on 特殊饮品的仪式

到公司前，买一杯咖啡或是鲜榨果汁。早晨神清气爽，很容易受到香味的刺激。用一杯香浓的咖啡或清香可口的果汁顺利启动工作模式吧！

### on 洗手、漱口的仪式

就像进入神社之前需要洗手和漱口一样，面对工作之前，借助于水的净化力量，去洗手间洗个手、漱漱口、润润喉，调整好状态吧。

HAND CREAM

## 涂抹护手霜的仪式

每天的工作自然少不了“动手”，在工作开始前涂抹护手霜，做个小按摩，对手指关节、指甲周围、手腕等处进行涂抹，准备全力以赴。

HAIR ARRANGE

## 整理发型的仪式

回想一下求学时期，在复习功课的时候是如何打理头发的。在公司准备一些发圈、发箍、发卡，在开始工作前先把凌乱的发丝规整一下，减少分心。

CLEANING

## 3 分钟小扫除的仪式

开始工作前，在手机上设定 3 分钟倒数计时，对办公桌周围进行简单的整理。把杂乱无章的文件整理好，擦拭办公桌和电话，新的一天即将开始。

DAYTIME

工作效率不高

# 提升工作效率的「终极」办公桌小技巧

打造办公环境，帮助你集中注意力，完成优先级最高的工作！除了用得到的东西以外，统统消失。

## 抽屉收纳小窍门

### ① 同类物品放在一起

例如，需要写书信的话，与之相关的工具（邮票、胶水、信封、信纸等）自然要放在一起。把它们装入透明拉链袋，便于取用。

### ② 根据使用频率进行区分

首先要明确，哪些办公文具的使用频率最高。常用的东西应该放在抽屉靠外侧的地方。这样一来，找不到东西的情况就不太会发生。

### ③ 每个抽屉各有分工

最靠近办公桌的第一层抽屉，开关的次数最多，因此适合放置使用频率最高的物品。有些百元店出售的收纳盒或隔板，能让抽屉内部更井井有条。

抽屉中层放一些难以分类的东西，例如信封、信纸、名片、电池、零食等。

抽屉下层则用来保管使用频率较低的文件，或是一些按照项目归档的文件夹。

## 准备最近两个月的日历

办公桌上的日历要方便确认本月和次月的行程，需要一边打电话，一边安排工作日程时有备无患。

## 文件竖着摆放能节省空间

文件一定要竖着摆放。例如一叠 A4 文件，如果竖起来放只占据桌面 $4m^2$ 左右的空间，这对杂物繁多的办公桌来说相当重要。

## 充电接头等用鱼尾夹固定

在办公桌一侧使用鱼尾夹固定常用的充电线接头，又方便又整洁。还可以用贴纸对鱼尾夹进行装饰，或写上用途以示区分。

## 在办公桌边缘粘贴卷尺

有时候想要测量一下长度，却怎么也找不到尺子。预先在办公桌侧面边缘粘贴软性卷尺，随时可以用来测量长度。

## 用文件板夹统一管理

最近的工作备忘录、行程安排、名片等可以集中归在一块文件板夹上，重要事项一目了然。

DAYTIME

# 名片乱糟糟的

# 能随时取用、简明易懂的

# 文件、名片完全整理思路

## 文件的整理

### 首先写上拿到文件的时间

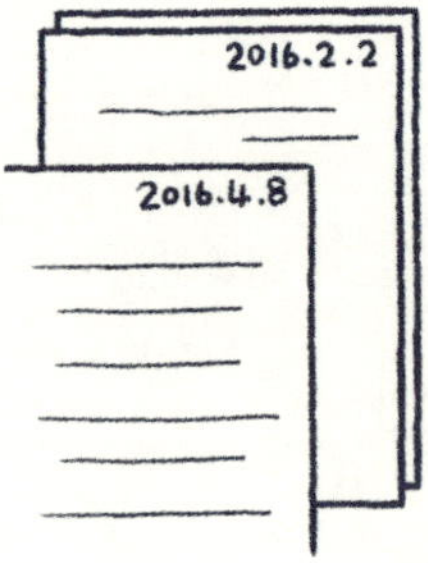


为所有文件标注“时间标记”，就能在日后整理时更方便地进行取舍。例如彻底废弃某个时间点以前的所有文件。回想一下求学时期，我们都被要求养成在每张考卷上写下姓名的习惯，在文件上标注时间也是如此。

### 将需要保存的文件装入信封

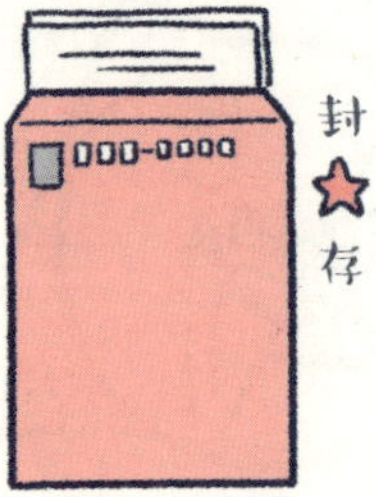


有些工作完成之后，相关的文件需要保留一段时间，这类文件可以暂时放入信封内。当文件装入信封后，它们成为某种整合后的“物品”，无论保存还是丢弃都会更加方便。

### 犹豫是否应该丢弃的文件输入电脑

有些文件资料可能还会用到，不如转成 PDF 格式存在电脑里。这样一来不仅不占用空间，搜索取用也很容易。

## 名片的整理

好像有点放不下了，要不就放旁边吧……

### 使用名片册保存

名片册看起来一览无余，但是能够存放的名片数量有限，分类也比较僵化有局限，如果插入两张名片取用会变得困难……

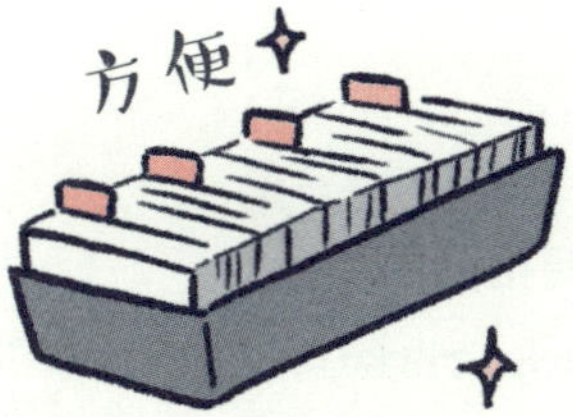
方便

### 名片盒弹性较大、更省空间

名片盒可以进行空间上的划分，方便按照地区或者公司、职位进行区隔，使用频率较高的名片可以放在靠外的位置。

职位变化
退休
及时处理没用的名片
重复

### 定期对名片进行整理

定期对名片进行整理。例如当名片盒装满之后，筛选淘汰不再需要的那些。例如有些人职位变动了，只需保留最新版的名片即可。

有时间的话，在名片上记录下你对他的印象，冷冰冰的名片会一下子充满人情味。当然啦，你有空的话。

DAYTIME

# 办公桌要有『生命力』

## 让人充满动力！

## 办公桌周围很煞风景让人沉闷

### 鲜花带来“生命力”

去杂货店逛一逛，买一只心仪的花瓶。如果在公司附近看到杂草或野花，摘下来插在瓶中，让自己的办公桌更有生命力。

### 迷你鱼缸营造“轻松氛围”

金鱼和水母等水中的小动物会让人看了特别治愈，有调节情绪的作用。不过同时也背负上了喂食的责任，毕竟是有生命的小生灵。

### 迷你盆栽演绎“沉稳心境”

盆栽虽小，却浓缩了大自然的景色。身处这样的办公空间，我们的心会自然而然地放松下来。烦躁时对着盆栽深呼吸。

## 摆上水果增添“维生素”

苹果、橙子、柚子等常温保存的水果都可以买来放在办公桌上，同样也是一种装饰。有颜色、有香味，饿的时候还能吃。

## 木质单品呈现“治愈力”

增添几件木质单品，例如手机支架、笔筒等。自然的材质会让心灵得到放松和舒缓，在充斥数码产品的环境中营造一片绿洲。

## 迷你加湿器补充“滋润度”

最近，市面上推出了不少巴掌大小的 USB 加湿器，非常适合在办公环境中使用。找到一款心仪的颜色和款式，丰富办公空间。

## 主题色装点“快乐气场”

选择一卷柠檬黄、祖母绿等颜色鲜亮，富有自然气息的装饰胶带，为文件夹、工作笔记本等加上记号和装饰，形成统一感。

DAYTIME

# 让电脑桌面美好、有趣的小诀窍

## 从资料的海洋中逃离出来

### 电脑桌面乱七八糟

**电脑桌面与办公桌如出一辙！**

在我们的工作中，常常要浪费时间寻找物品，一天之中耗费一小时也不出奇。

如果可以将我们的电脑桌面整理好，就能显著提高工作效率。打开电脑，开始工作时心情也会更愉悦。

---

### ① 文件夹排成一列

电脑桌面上堆满了各式各样的文件夹，这样不乱才怪呢！至少将文件夹排成一列，这样一来，有新文件夹出现时，会不自觉地动手整理。

### ② 根据工作内容归入不同文件夹

根据日常工作，将常用的几个文件夹放在桌面上。如果有多个项目同时展开的话，以项目名称为文件夹命名。如果是销售人员，还可以用客户名称命名。另外，也可以将策划书、票据等集中存放。

### ③ 确定“文件夹命名规则”

例 1）日期 + 中文
20160610 – 报告书
2016 年 6 月 10 日 – 报告书

例 2）日期 + 字母
20160610–report
20160610–baogao

确定日期和内容的写法，搜索起来会非常方便。字母相对来说更为通用，不用担心系统兼容的问题。

选择一张喜爱的壁纸，尽量不要因为文件夹太多而破坏画面的美感哦……因此特别推荐有面容或动物形象的壁纸。

### ④“今天的工作”集中放在左侧

有些人习惯把当天要处理的相关文件夹放在桌面上，以免忘记，那么推荐仿照待办清单的方式，将文件集中放在左侧。将需要处理的文件集中放置，一目了然，在当天的工作结束后会非常有成就感。

### ⑤桌面壁纸选择喜爱的画面

如同在办公桌上摆放花卉绿植、亲朋好友的照片一样，电脑桌面也要挑选一张喜爱的图片，打开电脑时更愉悦。

### ⑥准备一个“护身符文件夹”

在桌面上建一个文件夹，放入一些喜欢的照片，或是读了以后有激励作用的文字，让它成为你的护身符。知道自己总有办法振作起来，工作中会更自如。研究表明，幸福感与工作效率紧密相关，不是成功的人会幸福，而是幸福的人会成功。

### ⑦文件夹名称要有幽默感

电脑桌面上的文件夹，大多只有自己能看到，不妨将习以为常的“资料”“日程安排”等字眼换一下，改成“让田中开心的资料”“绝对不会被否的策划案”等，发挥自己的幽默感，对自己也是一种鼓励。

DAYTIME

# 让工作引擎全速运转

## 打通四个『穴位』

### 工作没有动力

### 1. 设定一年内的计划安排

如果只注重眼前的工作，会产生某种被驱使感，迷失掉工作的价值和动力。重新审视一下，看一看自己未来一年的计划和安排。一年后，你希望自己在工作中做出什么成绩呢？

### 2. 集中精神，认真解决一个问题

缺乏干劲时，通常人都处于疲惫的状态。先停一停，告诉自己不用追求完美，先做最重要的事，慢慢来，不用着急。在电脑前打字的速度也可以慢一点，一字一句，集中注意力，让自己慢慢缓过来。

## 3. 想象一下没有工作的自己

如果辞职会怎么样？想象一下没有工作的自己，生活、收入、兴趣爱好、美食、旅行……没有钱的话，目前的生活水准是无法维持的。有工作才有收入、自由和独立。

## 4. 回想一下儿时的自己

小时候，你有过什么样的梦想呢？那时的你，是不是也像现在一样努力呢？如果儿时的自己看到你现在的样子，会做何感想呢？让心中那个儿时的自己为你的工作加油鼓劲吧。

想象一下，有些人会因为你的工作而受益，也许是身边的客户，也许是别处的某个消费者，这样一来是不是更有动力了呢？

DAYTIME

# 日常工作总是一味重复

## 重复性的工作，要阶段性地「给自己小奖励」

### 设置不同阶段的“小奖励”增加成就感！

日常工作需要的是耐心和集中注意力，比起漫无目标、拖拖拉拉，设置几个节点，达到某一个节点后稍微休息一下，给自己一点小奖励。

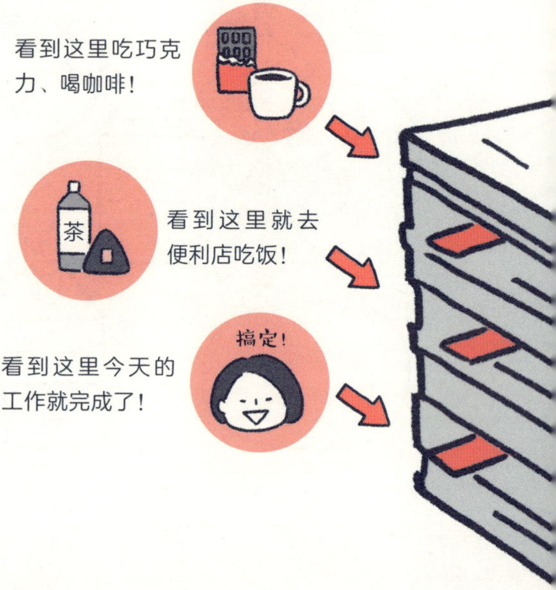
看到这里吃巧克力、喝咖啡！
茶
看到这里就去便利店吃饭！
搞定！
看到这里今天的工作就完成了！

### 用背景音乐让重复作业更有节奏感！

虽然工作空间不适合听音乐，但为了让重复的日常工作更有节奏感，挑选几首喜欢的歌曲、乐曲作为背景音乐，在特定的时刻听一下。很多人会在运动健身时听特定的古典音乐，原理很类似。

### 列出所有工作，逐一击破增加成就感！

将当天要处理的工作全部列成清单，掌握工作的大致流程和内容。随后放手去做，完成后在清单上划掉。也可以将工作切割为十五分钟的若干小步骤，强化成就感。

### 与昨天的自己比较

日常工作，只需要抓住要领，往往会非常得心应手。每天都可以关注一下，自己花费了多少时间完成同样的日常工作，与昨天的自己进行比较。

### 选择书写顺滑的文具

很多人对文具用品都很讲究。去文具店挑选几支书写顺滑的笔，毕竟是每天都要用到的物品，稍微奢侈一点也没关系。

DAYTIME

# 会议不能顺畅开展
## 如果由你主持会议的话……
# 顺利召开会议的准备与诀窍

## 准备会议的注意事项

□会议室约好了吗？
□与会者知道时间和地点了吗？
□资料复印足够了吗？
□用品准备好了吗？
□开始前，会议室空调开了吗？
□茶水饮料准备好了吗？
□会议的主要目的都了解了吗？

将会议的流程事先写在白板上，
会议开起来更顺畅哦！

感谢各位百忙之中抽空参加今天的会议。今天我们想要讨论的是"关于某某某"的议题。请大家各抒己见，会议估计在下午3点结束。
今天的议题是"关于某某某"
↓
与会者全体发言、讨论
（直到下午2点半）
↓
结论（2点45分）

## 主持会议的小问题！

### 大家不发言……

沉默让气氛很糟糕……这样的时候，要么说一些打破僵局的话，要么等待别人发言，并给予肯定的评价。如果还是不行，让在场所有人轮流发表一两句简短的意见。

### 反对意见频出……

会议的目的是统一大家的意见，达成结论。如果各执一词，为了避免争议扩大化，要理性地听取不同意见，不要一味支持或反对某一方。

### 关键问题没有答案……

当讨论进行到一定程度后，很可能主要的议题却被大家抛在脑后。要适时回归正题，直截了当地询问“那么大家认为这个问题应该怎么处理”。

### 无法结束……

严格遵守会议规定时间。很多同事接下来还有别的工作，会议不应该没完没了。可以暂时做一个总结，归纳一下会议的进展，然后约定下次继续讨论。

### 结论不明确……

在不了解对方真实意图时，要及时进行询问，把话说清楚。有时候交流难免存在误解和歧义，充分沟通才能尽量避免。

**记笔记**

养成记笔记的习惯。具体的数字、发言的重点……将这些内容记录下来，作为日后回顾、判断对方观点的重要材料。另外，不要忘了给没空参与会议的相关人员发送会议概要。

DAYTIME

PPT经常磕磕绊绊

## 让表达更流畅

# 讲解PPT的准备和心理建设

## 做好准备 万无一失

### 事先准备提纲

虽然将内容全部背下来最好，但实际情况往往很难做到。为了缓解临场的紧张，事先准备提纲，写上重点和关键词，避免忘词。

### 投其所好，准备案例和话题

你对所讲的内容很熟悉，听的人可不一样。为了让对方更容易听进去，投其所好，根据你对他们的了解，加入他们可能感兴趣的案例和话题。

### 时间长度要控制好

写好提纲后，稍稍控制一下讲解的时长，不要像冗长的婚礼致辞那样没完没了。删除一些废话，只留下真正想要表达的内容以及对方感兴趣的案例和话题。

### 在镜子面前预先演练

讲解内容确定后，对着镜子进行一次演练。观察自己的表情、眼神、语音、语调，对不够完美的地方进行微调。这样一来，临场发挥会更出色哦！

## 会议当天注意事项

### 发声方法

音量要让会议室最远端的同事也能够清楚地听到。听不清楚自然无法理解你的意图。

### 关于视线

时不时地与在场的同事眼神接触，你的视线要环视周围，并朝向握有决定权的人。分清主次，比例大致是两成全体，八成决定者。

### 准备实物道具

为了帮助你口头表达，可以准备一些样品或实物道具，大家看到实物会更容易理解。

紧张的时候闭上眼睛深呼吸，肩膀向后抬头挺胸，你一定会更自信的。

### 总结要简短有力

结尾好一切都好。就算中间有些小插曲，把握好总结，让整场讲解有个完美的结尾。适当地提高音量，展现自信。

外出和出差有太多东西要准备

从烦躁的情绪中摆脱出来

# 告别压力的外勤诀窍

## 外勤

### 告别压力小诀窍①

**随身物品能减则减**

- 文具、笔记本选择便携款
- 备用物品能省则省
- 减少同种类的笔、便笺
- 去掉很少使用的购物卡、积分卡
- 事先沟通，将资料提前发送过去

### 告别压力小诀窍②

**在包包内分区收纳**

将必备单品放入单独的收纳袋，便于从包包中取出。例如将笔记本、文具、工作证等物品放入专门的小手包，处理日常事务时放在办公桌上，外出则整个儿装进包包带走。分类收纳是关键。

## 告别压力小诀窍③ 让精致的包包陪着你

### 外套可以放上去吗？

工作场合，经常需要脱掉外套与客户交谈，如果包包尺寸刚好，就能将外套脱下放在包包上。

### 站得住吗？

把包包放在椅子上或地上的时候，如果包包会向下倾倒，当然很麻烦，选择那种底部带有铆钉的款式。

### 有充足的内袋吗？

包包的内袋犹如柜子的抽屉，方便你分门别类放置钥匙、卡片、耳机等小东西。能随手拿到要用的物品，会极大减少压力。

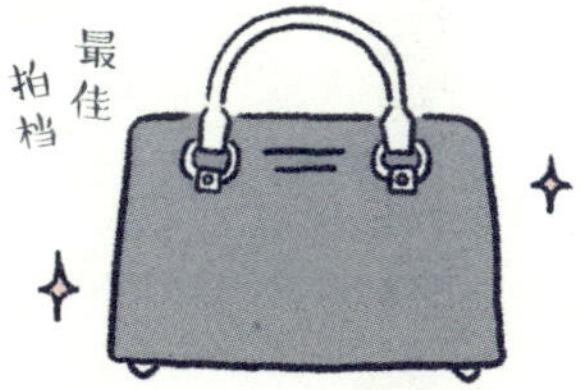


## 告别压力小诀窍④

### 准备一双穿着舒适的鞋

每个人喜欢的款式各不相同。去百货商店根据自己的喜好进行挑选，听取专业人士的意见，选最适合自己且穿着舒适的鞋。

#### 如何选择舒适好穿的皮鞋

□鞋跟粗，高度在 6cm 以内

➡走路时更稳定，不会给身体造成过多的负担。

□脚尖位置有衬底

➡减少脚跟与脚尖的高度差，缓解负担。

□有鞋扣

➡减少脚尖受到的压力，穿着更舒适。

## 出差

### 省去准备工作

化妆品、常备药、内衣、丝袜等经常用的东西可以直接放在旅行包内。放在透明袋里，取用更为方便。

### 挑选旅行用品

最近，市面上推出了许多方便旅行出差的单品，例如快干内衣等。这样一来，就不必携带多套内衣出门了。

### 必备物品清单

□交通票据（飞机票、火车票等）
□充电器（电脑、手机）
□眼镜、隐形眼镜
□卡
□钱包
□名片
□电脑、手机
□手表
□内衣（多套）
□替换服装
□清洁用品
□化妆用品
□手帕、纸巾
□梳子

DAYTIME

## 大家会喜欢什么呢？

# 不只是买土特产
# 『看不见』的地方更能表达『心意』

给同事们带土特产时，心意比什么都重要。那么，究竟应该如何传达自己的心意呢？

### 精致的点心能呈现出『季节感』

这甜品看起来好漂亮啊……

如今，人们的都市生活越来越缺乏季节感。根据当季的时令，赠送对方带有季节感的甜品吧。这样一来，你们之间的交流也会更有话题。

### 与家乡有关的特产能带出特殊的『温度』

这是你们老家的特产！
哇，谢谢！

只要是关于家乡的话题，总是能够引发对方的思乡之情。如果事先知道对方的老家在哪儿，选择当地的特产作为礼物，对方一定会非常意外。

## 装在纸碟子里表达出「诚意」

一般来说，尽量不要选择那些在品尝时会弄脏双手的点心，以免造成不必要的麻烦。某些时候，把点心装在纸碟子里，表达你的诚意，同时也不会给对方添麻烦。

## 从出差地寄回与大家分享「回忆」

从出差目的地寄回明信片有时会有意想不到的效果。出差前，先列出想要赠送的人员名单，在写明信片时加入与工作相关的内容，加深彼此的理解。带有当地风景的图片会让人分外感动。

## 土特产的注意事项

- □有没有特色？
- □保质期到什么时候？
- □数量够吗？
- □是否有忌口？
- □吃的时候会弄脏双手吗？

DAYTIME

太困了怎么办

# 提神醒脑！神清气爽！『瞬间刺激』与『瞬间治愈』

## 瞬间刺激 提神法

### 眼药水

有些公司没有食堂、休息室等空间，滴几滴眼药水，在办公桌前闭目养神，享受片刻的休息。

### 口香糖

运动口腔也具有不错的提神效果。在办公桌上准备一款薄荷味的口香糖吧。

### 冷水洗手

用冷水洗手，通过温度刺激让自己清醒过来。

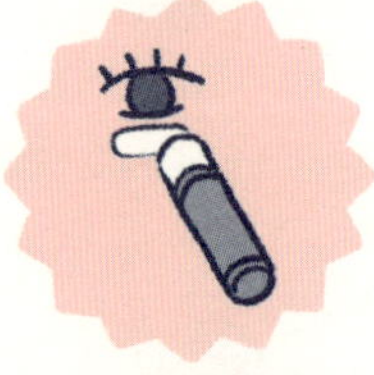

### 在眼、鼻下方涂抹清凉润唇膏

清凉感会瞬间赶走倦意。由于眼部的皮肤很娇嫩，涂抹时要慎重一些，不要碰到眼球。

### 爬楼梯

运动身体能够提神醒脑，一边报数，一边爬楼梯很有效。

# 瞬间治愈 提神法

## 戴上眼罩休息一下

如今有很多冰敷、热敷、带有香味的眼罩可供选择，在办公室准备一款，特别疲惫时休息一下。

## 看喜欢的照片和网站

打开与工作毫无关系的照片或网站，看一些可爱的动物或明星视频，当然也可以是恋人的照片，等等。

## 聊聊天

公司职员的优势，就是随时有同事在身边。感到困倦，提不起劲的时候，找同事聊聊天，即便是闲话家常也没关系。

## 按压穴位提神

### ◎中冲穴

中指的指甲根部，靠近食指的地方，用力按压几下。

### ◎睛明穴

眼头靠近鼻梁的穴位，用拇指和食指用力按压几下。

DAYTIME

唉，好累啊

## 重新调整心灵与身体

# 通过『感官刺激』调节情绪

### 刺激视觉

八成以上的信息都来自视觉，光线、物体、颜色……变化多种多样。

- 外出晒太阳
- 换一张电脑桌面（壮美的景色或可爱的动物）
- 观察办公桌上的物品
- 看艺术品刺激感受力

### 刺激听觉

早晨上班时，准备一组“获得元气”的歌单。

- 听快节奏的歌曲
- 听下雨的声音
- 听打鼓的声音
- 听小鸟的鸣叫
- 听八音盒的声音
- 听惊悚故事刺激感受力

## 刺激味觉

偶尔刺激一下，效果事半功倍。

- 甜味 蜂蜜
- 酸味 醋
- 咸味 梅子
- 辣味 辣味饼干
- 涩味 99% 的巧克力

- 可以常备甜味、酸味糖果，交替吃。
- 多多尝试不同口感的新款甜品、点心。

## 刺激嗅觉

如果想要直接对大脑进行刺激，准备三款香氛很有效。

- 使用漱口水
- 刷牙
- 通过茶树香薰消除烦躁情绪
- 通过橙花香薰缓解紧张情绪
- 通过迷迭香香薰集中注意力

## 刺激触觉

总是在敲打键盘，怪不得心情会烦躁呢。

- 疲劳时按压合谷穴（拇指与食指延长线的交点位置）
- 拉伸耳朵
- 握减压小沙包
- 准备触感舒适的毛巾
- 翻动书本
- 准备按摩用小道具
- 感受水龙头流出的清水

## 让你瞬间被治愈的意象

# 轻盈柔和

懒人沙发
棉花糖
泡泡浴
羊驼
蒲公英

## 让你瞬间被温暖的意象

# 暖意融融

寒冷清晨
的热咖啡
牛奶汤
毛衣
热包子
泡脚

## 让你瞬间被融化的意象

# 醇厚丰盈

热松饼
豆奶浴
冰激凌
红烧肉
配鸡蛋
打瞌睡

## 让不熟悉的人不再“难相处”

如果公司里有个特别难相处的人，就会很排斥去公司，我也是如此。但是，有没有觉得，一旦不喜欢谁，就会越来越讨厌他，这种感情跟恋爱很像，要么“没感觉”，要么“喜欢”，两者选其一吧。

### 1. 不过分回避

回避也是“在意”的一种，跟感觉难相处的他聊聊无足轻重的话题，保持自然的距离。

### 2. 不直视

有些人打心眼里无法接受，那就不要直视他，看着手边的资料，或望着他身后，减少感到不适的可能性。

### 3. 不发出低沉的声音

声音会暴露我们的真实感觉。有时候不喜欢一个人，声音会自然而然地低沉下来，留心保持说话的口吻和语气。

## 4. 起码找到一个优点

每个人其实都有闪光点或者在工作中值得被尊敬、赞赏的地方，把注意力放在这些地方，找到一个点，冷静而客观地看待他。

## 5. 发挥想象力

分析一下自己的心态，为什么会觉得他难相处，是工作上的摩擦吗？不如换位思考，想象一下换作自己会怎么做，或许会有帮助。

## 6. 找到同病相怜的人

你觉得某人难相处，一定有人深有同感。如果公司里有能够分享这一感觉的同事，偶尔倒倒苦水也不错，说不定还能帮你更客观地看待他。

人际关系分外融洽

# 『拒绝』与『指正』的小诀窍

很多话我们不想说，却不得不说……这种时候心情自然不会好，但拒绝与指正也有不为人知的秘诀，例如……

◎从头来过
是达成更好结果的机会

◎全新的想法
是改变思考方式的机会

◎拒绝和指正
是与对方推心置腹的机会

危机也是难得的机会，一起来掌握其中的小诀窍吧。

## 强调“只要”，减少对方的负担

不要全盘否定对方，强调你需要他改正的，“只要把这里改一下就好了”。强调“只要”，会让对方更易于接受。

## “今后怎么做”比“质问原因”重要

当对方提出更改原定计划，例如推迟交货时间，我们经常会本能地表示反对，甚至质问对方原因。更有建设性的做法是，先表示理解，询问可行的方案和折中的可能性。

### 隔一段时间，再拒绝

当面拒绝，会显得太有棱有角。如果心里已经有了答案，暂且搁置，过一段时间再表示拒绝。真诚的态度会让对方比较容易接受。

### 强调是自己能力不足

如果因为上级的指示，无法满足对方的需求，要尽可能表示出自己已经努力争取，但因为能力不足无法成功，争取获得对方的谅解。

### 明确“能做的”和“不能做的”

面对某些难以实现的要求，不要停留在拒绝的层面，冷静思考什么“能做”，什么“不能做”，给出具体的建议和替代性的方案，不要错过商机。

把错误转换为信任

# 『道歉』与『认错』的小诀窍

信任一旦失去很难恢复，因此，如果搞砸了，之后的应对至关重要。具体来说……

◎迅速　◎确切　◎真诚

意识到这三点，通过道歉与认错，占据人际沟通的不败之地。

## 发生问题后，要迅速地道歉

有时候觉得难以启齿，一拖再拖却错过了道歉的时机。设身处地地想一想，给别人添麻烦以后要立刻道歉。

## 不要去争论

“恕我直言”“其实我觉得”……不要说这些否定对方、容易引起对方不快的话语。就算对方也有问题，真诚地从自己出发，问题才能尽快解决。

## 道歉之余陈述今后的改进方案

一味道歉，对方并不会马上消气，与此同时，要给出具体的应对策略和改进方案，这是表达诚意的关键所在。

## 通过道歉，得到确切的指示

有时候我们会让对方失望，或者无法与对方的期望保持一致。在道歉的时候，再度确认对方的要求，从而进行有针对性的改善。

## 真诚面对自己的错误

道歉时态度要诚恳，明确表示自己因为说明不充分、漏看了邮件或其他原因导致错误发生。说实话会让你得到成长。

## 不经意的话语很容易引人不快

在谈话中，有可能会触及对方的痛处。如果感觉到苗头不对，要立刻改变话题，甚至分享一些自己的失败案例，也能缓和紧张的气氛。

年龄、婚姻、学历、家庭、病痛、工作、宗教、政治等都是应该尽量避开的话题，如果对方没有主动提到，不要贸然涉及。

## 让下属和新同事更有动力
# 『提醒』与『批评』的小诀窍

你说了憋在心里很久的话，对方却不接受，交往变得很不愉快……在放弃之前，努力做到以下两点吧……

◎努力找到激发动力的方法

◎让对方尽可能没有压力

想要构建良好的人际关系，提升团队的凝聚力，从这两个方面入手吧。

### 发现问题，当场提醒

错过了适当的时机，往往很难做出有意义的批评，也会给人“旧事重提”的印象。发现有什么地方不妥就立刻提出来。

### 提醒与批评要言之有物

不要只是批评，要把具体的问题讲出来，否则下属和新同事往往不能正确理解。明确改进的方案，提供可参考的资料。

## 不要犹豫，反复提醒

针对一些严重的问题或出勤方面的错误，不要害怕反复提醒和指出。虽然可能会让人际关系变得紧张，但这毕竟是你的职责。

## 提醒的同时，一起思考

有些下属会反复犯同一个错误，这种现象背后一定有原因。一味指责，并不能快速改善，要跟对方一起思考问题的本质，找到解决的途径。

## 焦点落在一个地方

最后，在批评对方的过程中，焦点要集中，不要变得感情用事，牵扯到其他的地方。工作的大忌是把问题上升到性格脾气、待人接物、过往经历等层面。

## 听不进话的上司

【依赖于自身的成功经验，喜欢独裁的类型】

听不进话的上司往往希望旁人都听他的，聪明的你应该先让他说，等上司说完后，再陈述自己的观点。

## 任何事情都喜欢拿主意的上司

【不懂或远离第一线，却喜欢指手画脚的类型】

面对这样的上司，给出所有选项，让他来拿主意。最好给出的选项全部可行，把主动权掌握在自己手中。

## 健忘的上司

【也就是工作能力较低，短视的类型】

忘记提过什么要求，忘记曾经汇报过的内容，丢三落四……面对这样的上司，很多事情要落在纸面上，免得空口无凭。

## 没有担当的上司

【所有事情都交给别人处理，不加班的类型】

遇到这样的上司，转变思路，至少他没有对你的工作方式横加指责。把心思用在工作上吧，这样的上司比较好相处。

## 啰唆的上司

【骄傲、自信的类型】

一开腔就停不下来的上司，通常很享受被下属簇拥的感觉。说一些他爱听的话，保持良好的沟通气氛。同时也要留心，不要被他盯上，否则要天天陪上司聊天了。

## 太忙碌的上司

【工作能力强，兼顾多项业务的类型】

这类上司工作能力强，很值得尊敬，但因为太过忙碌，各项工作有停滞不前的可能性。事先掌握上司的工作时间，提前约定，或见缝插针地当面交流。

DAYTIME

# 哎呀，是不是看起来不美了？

## 繁忙的工作时段也不要丢掉仪态

### 1 膝盖绝对不分开

办公桌下面的膝盖有没有分开呢？双膝并拢会给人有教养的感觉。平时要养成习惯，一点点小努力，会让你在繁忙的工作中同样魅力满分。

### 2 不要驼背 保持良好坐姿

专注于电脑屏幕的你，坐姿很容易发生改变。驼背的姿势会大大加重腰部负担，留心收紧腹部，挺直背部，保持良好的坐姿。

大家都知道不要驼背，但总是做不好。的确，一天 8 小时保持坐姿是很辛苦的……我做不到，所以觉得好难得。

## 3 指尖展现淑女教养

当被询问方向时，你会不会用食指或者手中的圆珠笔“指指点点”呢？为了保持基本的礼貌，正确的方法是伸出手掌指示方向。

## 4 忙碌的人，从不表露在外

你会不会冲过走廊，或是把话说得飞快？越是忙碌的时候，越要深呼吸，放慢步调沉住气，不要把焦急的情绪传染给别人。

## 5 诚恳的沟通是最美的样子

每天都要跟形形色色的人打交道，如何打招呼很重要。用客观的眼光审视自己，尽量真诚、充满善意地与旁人接触。

## 6 任何东西都是有生命的

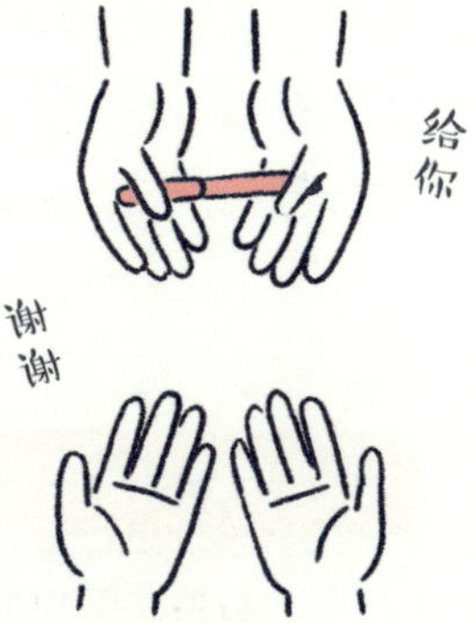


在递交资料、文件时，不要单手交接，而是双手递出。所有文件资料都是重要的工作物品，同时也要对对方表示尊重。双手交接是基本礼貌。

让职场氛围更融洽！

# 做个会说话的美女

## 打招呼之后的“只言片语”

在打招呼之后，我们经常会遇到冷场的情况。养成习惯，在打招呼后说一点什么吧。例如，“你好，假期过得怎么样？”“你好，今天天气很热啊！”等等。

## 感谢当天努力的“只言片语”

共同经历了一整天的辛勤工作，感谢同事们当天的努力，会让职场氛围更积极。例如，“每天你都来得好早啊！”“我看你经常加班，最近特别忙吧？”等等。

## 接受某项工作时的“只言片语”

“好的！我明白了！”“好的！我这就处理！”当被安排负责某项工作，要用积极的口吻应对，先说一句“好的！”表达你乐于接受安排的姿态。

## 聊到不感兴趣的话题的“只言片语”

尽管某些话题你不感兴趣或所知甚少，不要忘记用只言片语随声附和，给人沟通能力良好的印象。例如，“这方面我倒不清楚”“原来是这样吗？”等等。

## 扩展话题的“只言片语”

在谈论某些事务时，不要就事论事地给出肯定或否定的答复，而是多多陈述细节与具体的状况，这样一来沟通才能更为顺畅地开展下去。

被叫到的时
候要先用眼
神给予回应

有没有被别人叫到的时候，你还在忙，一边答应一边眼睛看着电脑屏幕……眼神的交流很重要，要给别人足够的尊重哦。

让感谢之情放大两倍

# 如何表达“感谢”

## 1.“谢谢！”+“具体的成果”

尽可能具体地表达出因为对方的建议和帮助，工作才能获得不错的结果。例如“多亏了你的意见，客户感到很满意”等等。

## 2.“谢谢！”+“反省”

在对方的建议和忠告之下，你自己有了哪些新的认识呢？今后又有怎样的改进方案呢？例如“多亏你的指点，我重新考虑了一下，以前的做法不太合适，今后我们会更加努力”等等。

## 3.“谢谢！”+“具体的数字”

感谢虽然很真诚，但如果可以加入具体的数字，会更有说服力。例如“用了一半的时间，效果却提高了一倍”等等。

### 4.“谢谢！”+“对对方的关心”

为了感谢对方付出的时间和精力，在感谢的同时不忘对他表示关心。例如“帮我准备了这么多资料，真是太辛苦你了”等等。

### 5.“谢谢！”+“对方的重要性”

想要感谢，还可以强调对方的重要性。每个人都会因为自己的价值被肯定而满心欢喜。例如“多亏了你帮忙”“要不是有你”等等。

### 6.“谢谢！”的“手写表示”

有时候想要让感谢更特别，用手写的方式，将谢意写在便笺或小纸条上，对方看到一定会心一笑。例如“前几天真是太谢谢你了”等等。

迷你卡片比普通便条纸更适合用来表达谢意。写上几个字，真诚地表示感谢吧。

# 自然的“称赞”从直接的共鸣而来

想要称赞对方时，表达最真实的感觉是至关重要的。

如果你不擅长夸奖别人，很可能是因为你太过希望通过称赞对方，给对方留下好印象。

不要被这种心态牵着鼻子走，真实地表达出你的认可与赞美，真诚才是第一位的。

## 一眼能够看到的称赞（服装、饰品、发型、办公室环境等）

“你剪了刘海吗？很适合你！”
“你们公司大堂的绿植很多，感觉很舒服啊。”

➡ 称赞源于仔细的观察。了解对方，理解对方，让工作和沟通更加顺畅。

## 与工作成果相关的称赞（工作的效率、仔细、到位等）

“太好了，已经完成了吗？”
“你们公司的讲解很全面，大家都很认可。”

➡ 加入一点感叹词，让钦佩之情溢于言表。

## 关于性格、习惯的称赞（随身物品、工作态度、待人接物等）

“每天都来得那么早，我要向你学习。”
“你在练习瑜伽吗？看你走的时候拿着瑜伽毯。”

➡ 观察对方的言行举止，表达出你对他的好奇和善意，更快找到彼此的共同点。

# “称赞”切忌流于表面

## 要明白“长处 = 短处”

要知道，一个人的优点，很可能同时也是他的缺点。不要漫不经心地称赞对方，留心观察他的反应，如果对方表示出不悦，当场道歉，或是陈述自己真实的想法。

A：“好久不见，你是不是瘦了？”

B：“没有，最近一直在外面应酬，还胖了不少呢……”

A：“有吗，我一点都没看出来，不好意思。”

➡ 特别是关于身体方面（身高、体重、体形），很可能会触及对方的隐私或痛点，要特别慎重。

## 不要随意与其他人比较

在某个人面前称赞其他人，或是与其他人进行比较，会让人感觉不被重视。这种时候要慎重发言，避免引起不必要的误会。

A：“C 的销售业绩很不错啊。”

B：“嗯……是啊。”

A：“不过也是多亏了你们事先的调查研究，以后也请多多关照哦。”

➡ 工作与每个员工的努力都是分不开的，不要把成功归功于某个人，要看到大家默默无闻的付出和奉献。

### 说话的艺术

文豪夏目漱石在评价他人的时候用过一个词，那就是“白玉微瑕”。意思是，整体来说如同洁白的美玉般出色，唯独有一丝细微的瑕疵。在表达批评意见时，慎重地遣词造句，发挥说话的艺术，避免让听者留下负面的印象。

DAYTIME

# 好像，碰到了不顺心的事
# 五个『先这样吧』
# 彻底从困境中逃离

## 1. 先从办公室离开！

碰到不顺心的事，暂时放一下，先从办公室离开。去大楼楼顶平台或附近的绿化带透口气，整理一下思路，活动一下会很有帮助。

## 2. 先按时下班！

有些时候，就是无法投入工作，不要逼迫自己，先准时下班。整理好明天的待办清单，早早上床休息，调整状态。

## 3. 先在日程本上写下“未来计划”！

用肯定句在随身携带的日程本或工作笔记上写一些对未来的规划，让自己产生期待。例如“下个月去泡温泉”“买一条连衣裙”等等。

### 4. 先尝试填色绘本！

最近为成年人准备的填色绘本很流行，专心地投入其中，不失为一种放松。准备一些彩笔或荧光笔，通过涂色调整心情。

### 5. 先笑一笑！

准备一本笑话书，情绪低落时拿出来翻看，让自己开心起来。

## RECOMMENDED BOOKS

• 轻松而无厘头

**《惊讶！胜利传说》**

（胜利石松、铃木佑季顾问，EXCITING编辑部编，光文社）

提到胜利石松，一定会联想到他的许多名言："嚼完的口香糖要吞下去"，"遇到拳击，我的人生观发生380度大转变"……了解他那荒唐无稽的人生，平日里的烦恼仿佛都烟消云散了。

• 人生就要难得糊涂

**《妈妈的信》**

（妈妈的信制作委员会编，扶桑社）

"现在我们占领了小学，快来吧！"，"我去一趟投币洗衣房"，"妈妈用沐浴露洗头发"……笑料满满的一本书，说不定不太适合在公司看呢。

• 让身体和心灵变得柔软

**《脸脸脸！》**

（弗朗索瓦·罗伯特、让·罗伯特著，Flex Firm）

这是一本充满幽默元素的摄影集，用抹布、纸箱等日常物件组成一张又一张"表情"各异的脸，让人看了不禁莞尔。

# 先这样吧，透口气再说！喝茶的小窍门

**来自叶片的茶**

由茶叶加工制成的红茶或绿茶

- ◎红茶
- ◎普洱茶
- ◎乌龙茶
- ◎玄米茶
- ◎粗茶
- ◎玉露
- ◎煎茶

**非叶片的茶**

常见红茶或绿茶以外的其他茶

- ◎蒲公英茶
- ◎鱼腥草茶
- ◎甜茶
- ◎香草茶
- ◎大麦茶
- ◎杜仲茶
- ◎柿叶茶
- ◎牛蒡茶

**无咖啡因的茶**

具有放松效果，想要舒缓身心的时候推荐低刺激的无咖啡因茶

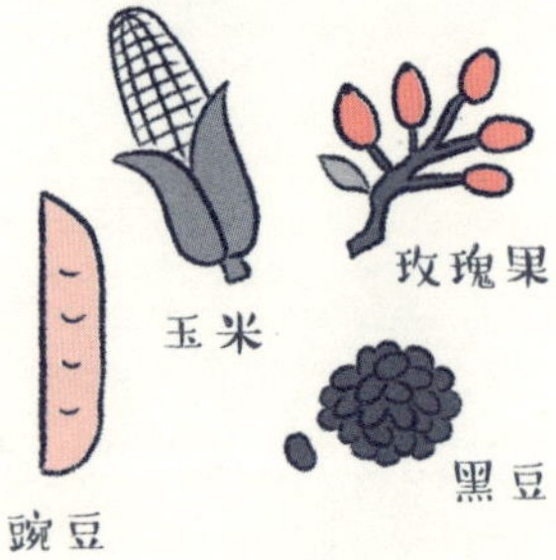


- ◎路易波士茶
- ◎甘菊茶
- ◎玫瑰果茶
- ◎玉米茶
- ◎大麦茶
- ◎甜茶
- ◎豌豆茶
- ◎蒲公英茶
- ◎黑豆茶
- ◎荞麦茶
- ◎牛蒡茶

KIND OF COFFEE

很多人其实都不知道！

## 关于咖啡的种类

| | |
|---|---|
| 黑咖啡 | 不加牛奶和糖的咖啡 |
| 咖啡粉 | 咖啡豆经过烘焙后磨成的粉末 |
| 美式咖啡 | 中度烘焙的咖啡豆冲出的咖啡 |
| 炭烧咖啡 | 经过炭火烘焙的咖啡 |
| 巴西咖啡 | 在巴西生产的咖啡 |
| 曼特宁咖啡 | 产自印度尼西亚苏门答腊岛的阿拉比卡咖啡 |
| 危地马拉咖啡 | 产自危地马拉共和国的咖啡，具有特殊的醇厚感和酸味 |
| 乞力马扎罗咖啡 | 产自非洲最高峰乞力马扎罗山脉附近的咖啡，如今坦桑尼亚产的咖啡均被称为乞力马扎罗咖啡 |
| 夏威夷科纳咖啡 | 产自夏威夷岛科纳地区的阿拉比卡咖啡 |
| 蓝山咖啡 | 牙买加蓝山地区出产的咖啡，数量非常稀少 |
| 摩卡 | 产自埃塞俄比亚和也门的咖啡，这一称呼来自阿拉伯半岛「摩卡港」 |
| 拿铁 | 在浓缩咖啡中加入热奶泡，来自意大利的喝法 |
| 咖啡欧蕾 | 在深度烘焙咖啡中加入等量温牛奶，来自法国的喝法 |
| 咖啡玛奇朵 | 在浓缩咖啡上覆盖一层奶泡的喝法 |
| 浓缩咖啡 | 将深度烘焙的咖啡粉通过专用机器抽取出的咖啡浓汁 |
| 卡布奇诺 | 在浓缩咖啡中加入热牛奶和奶泡的喝法 |
| 香草咖啡 | 在咖啡中加入肉桂、杏仁等调味成分的喝法 |

我喜欢在热咖啡中加 3 颗棉花糖，真是太好喝了！

# 让公司的下午茶时间更地道的小贴士

## 喝杯茶透口气！煎茶的冲泡方法

用温水冲泡煎茶，茶氨酸会大量释放，而味道苦涩的儿茶酸和咖啡因则相对较少，喝起来比较甘甜。

**冲泡方法**

取 3～5g（1 人份）茶叶，在茶壶里加入 100～150ml 常温水，泡 10～15 分钟。

## 提神醒脑！煎茶的冲泡方法

加入沸水冲泡，咖啡因会大量释放。

**冲泡方法**

取 3～5g（1 人份）茶叶，在茶壶里加入 100～150ml 沸水（90℃左右），泡 1 分钟。

## 让速溶咖啡更好喝的方法

秘诀 1　咖啡口感最好的冲泡温度是 90℃左右，不要加入刚刚烧开的沸水，将沸水倒入水壶等容器后再进行冲泡。

秘诀 2　在冲入开水前，先在杯中放入速溶咖啡粉，加少量水搅拌均匀，咖啡的味道和香气都会更强烈。

## 让袋泡红茶更好喝的方法

1. 先用沸水将茶壶预热一下。
2. 在茶壶中加入袋泡红茶。
3. 盖上盖子蒸 1～2 分钟左右。
4. 将茶包取出，不要按压以免涩味变强。

千万不要将沸水直接冲在茶包上，红茶的香味会溜走的哦。

# 办公室轻松搞定！好喝的 DIY 饮料

虽然去自动售货机或便利店购买饮料非常方便，但仔细算来，天天购买饮品也是一笔不小的开支……尝试在办公室也能轻松搞定的 DIY 饮料吧，对身体和钱包都有好处呢。

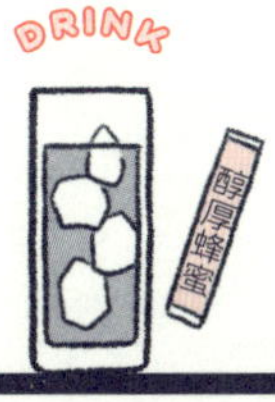


## 离子饮料

在常温水中加入代糖或蜂蜜、盐、柠檬果汁，混合甜味、咸味和酸味，比市面上零售的产品更健康。

## 蜂蜜姜茶

冲泡姜茶，用蜂蜜或代糖增加甜味。让身体由内而外得到温暖，预防感冒等流行疾病。

## 梅子茶

在茶杯中放入一颗梅子，用沸水冲泡，将梅子适当碾碎，使咸度适宜。也可用绿茶冲泡。

## 黄豆粉牛奶

在牛奶中加入少量黄豆粉，搅拌均匀即可。黄豆粉富含植物蛋白和膳食纤维，有助缓解便秘和美肌效果。

## 糖果红茶

在热红茶中加入一颗糖果，可以选择水果糖或牛奶糖，根据口味加 2～3 颗也 OK。红茶瞬间变身水果茶、奶茶。

## 果酱饮料

在水或碳酸水中加入果酱、柠檬果汁（苹果醋）等，充分混合。蓝莓果酱对眼睛特别好。

给疲惫的同事也泡上一杯，职场氛围一下子变好了。

## “挂断”比“拨打”更重要，电话礼仪

MANNERS

### 打来电话的一方先挂断

通常，礼貌上要让打来电话的一方先挂断，特别是对上司或客户，先挂电话是非常忌讳的。

MANNERS

### 重复对话的重要信息

电话无法自动留下任何记录，在通话过程中随时提笔记下重要的信息，并复述出来与对方核对。

MANNERS

### 通话结束后安静两三秒

在你准备放下听筒的间隙，对方可能依然会听到通话声，先安静两三秒，不要发出声音。

MANNERS

### 确认对方挂断后再挂机

不要让对方听到电话挂断的声音。让对方先挂机，随后轻轻放下听筒，这么做是最礼貌的。

## 手机经常会发生的通话问题

### 通话途中电池没电

如果发现手机电量不足，事先跟对方打好招呼，如果通话中断会再打过去。这样一来，就算说到一半也不用担心失礼于人。

### 信号不稳定，通话时断时续

拨打电话的一方要主动做出补救。例如给对方的语音信箱留言或是发短信，告知对方会再次联络。

### 周围有杂音

手机随时可以沟通，确实非常方便。但有时候周围环境比较嘈杂，在餐厅或户外更不适合长时间通话。为了保持相互的信赖，尽量选择安静的空间接打电话。

隔墙有耳！不要在人多口杂的地方沟通重要事项。

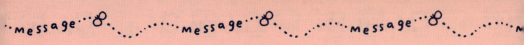

应该选择何种沟通途径？ **沟通方式的利与弊**

## 邮件

### 避免误会的方法

不要通过邮件表达那些难于启齿的话。道歉、回应投诉、金钱等比较敏感的话题更需要亲口与对方沟通。坏消息和不愉快的沟通会留下证据，这是邮件的优点也是缺点。

### ◎优点

- 用少量的文字直接谈论主题
- 会留下证据
- 不会占用对方的时间

### ⚠注意

- 对方不一定会及时阅读
- 对词语的理解可能产生误会

（公司和家里的）

## 固定电话

### 避免误会的方法

公司的固定电话一般都在工作时间使用，个人家庭电话则需要挑选时间段进行拨打。就算你有很多话想说，对方却不一定听得进去。打电话前打好腹稿。

### ◎优点

- 有误会可以当场解释
- 声音的抑扬顿挫和语速语调能增加信息量
- 容易表达出歉意和诚意

### ⚠注意

- 要挑选拨打电话的时间段
- 无法看到对方的表情
- 不一定会接通

## 手机

### ◎好处

- 直接联络到本人
- 有误会可以当场解释
- 声音的抑扬顿挫和语速语调能增加信息量
- 容易表达出歉意和诚意

### 避免误会的方法

手机可以直接联系到当事人，方便快速沟通，但也有可能会影响对方的日常生活和工作。与私人固定电话相同，拨打之前首先要选择合适的时间段，打好腹稿也很重要。

### ⚠注意

- 要挑选拨打电话的时间段
- 无法看到对方的表情
- 对事物重要程度的判断因人而异
- 受电源、信号等条件制约

## 传真

### ◎好处

- 会留下证据
- 不会占用对方的时间
- 能传输图片、图表和地图等

### 避免误会的方法

用比较粗、颜色深的笔写传真，避免传输后难以辨认字迹。另外，在传输前知会对方，确认对方会收到。

### ⚠注意

- 可能出现传输错误和接收故障
- 需要另外确认文件是否送到
- 多张连续传输需要提前知会对方
- 要挑选传输的时间段

轻松搞定商务邮件

# 六个注意事项

注意点 1

## 挑选合适的时间段

邮件的优势是能够在任何时间发送，可实际情况并不是如此。例如，如果你在星期五傍晚以后发送工作邮件，对你来说似乎脱手了，但收到邮件的人却需要在周末抽空处理。因此，发送邮件的时间段要格外留心，站在对方的立场考虑问题。

注意点 2

## 对工作时间外的邮件要表示歉意

深夜、早晨、周末发送的邮件要在开头跟对方打好招呼，表示歉意。毕竟对于收到邮件的人来说，抽空查看是人之常情，在非工作时段打扰对方，表达歉意是最低限度的礼貌。

注意点 3

## 写完后不要立刻发送

写完邮件后不要立刻发送，这是很危险的行为，容易造成日后不必要的麻烦。正所谓忙中出错，在发送前通读一遍，修改错别字，留心姓名的写法和称谓，删改不易于理解的词句。

注意点 4

## 可以比较简略，但不要缺乏敬意

当地址、邮箱等信息变更，想要通知大家时，发送群发邮件是非常常见的做法。然而，群发邮件容易给人冷冰冰的印象。邮件的内容可以比较简略，但千万不要机械化，缺乏敬意。

注意点 5

## 努力理顺邮件内容

如果邮件内容过长，阅读的人很难抓住重点。在撰写邮件时，首先要理清思路，将内容按照要点一一罗列，标注清楚哪些需要对方给予回复。

注意点 6

## 不要催促对方

邮件的沟通在某些企业非常频繁，如果不需要或不急需对方回复，可以在邮件中直接说明“不必回复”或“有时间再回”。不要催促对方，尽量减少对方的负担。

DAYTIME

# 学会如何留言

## 让人不禁微笑！

# 便条、便笺的小心思

### ARRANGE.1 用“色彩”强调视觉冲击力

黄色是“勿忘”，红色是“注意”，绿色是“通知”……用不同的颜色区分留言内容。

### ARRANGE.2 用“切口”提升存在感

拿一把美工刀，在便条纸上切一刀，用这种特殊的方式提醒需要注意的文件。

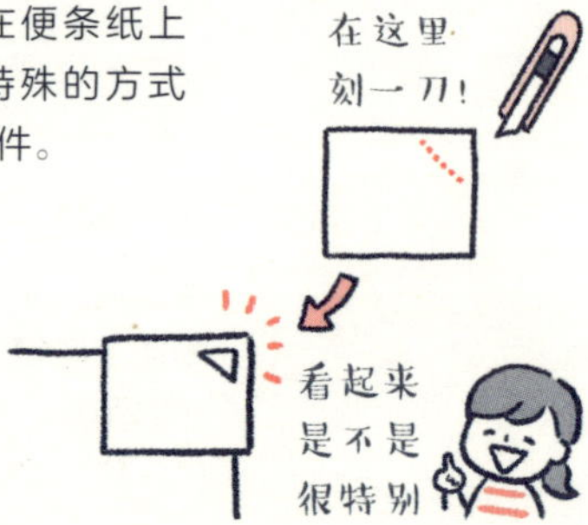
在这里
刻一刀！
看起来
是不是
很特别

### ARRANGE.3 竖着撰写更特别

重要的事项用竖排的方式书写。简短、直接、醒目是关键！

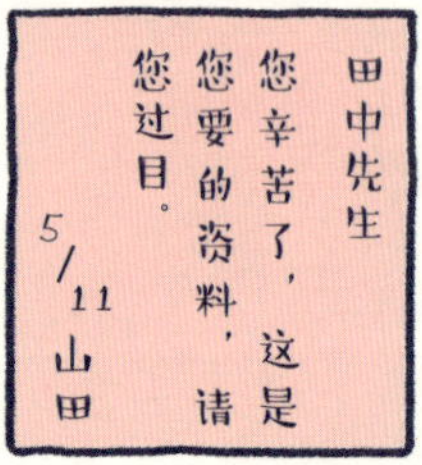
田中先生
您辛苦了，这是
您要的资料，请
您过目。
5/11
山田

### ARRANGE.4 用剪刀剪出形状

加油哦！
辛苦了！
谢谢你！

## ARRANGE.5 巧用线段

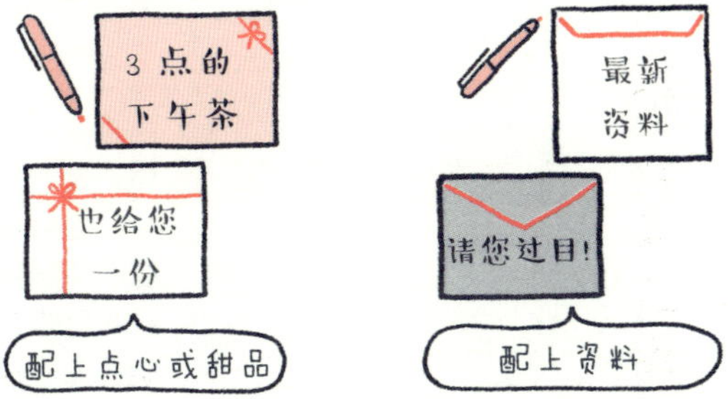


## ARRANGE.6 立体的更有视觉冲击力！

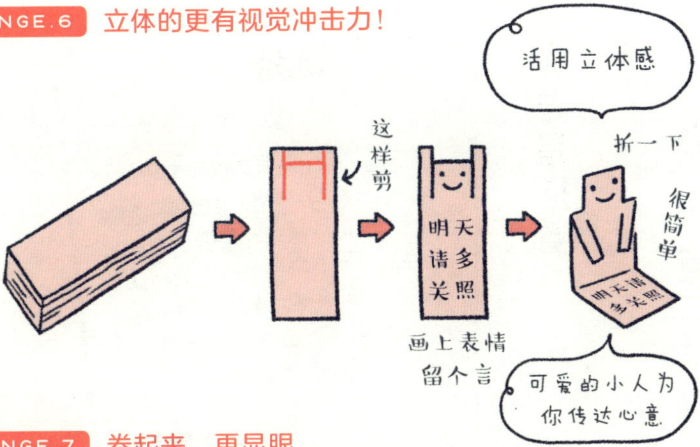


## ARRANGE.7 卷起来，更显眼

DAYTIME

# 想要提笔写信，却总是拖着

## 如果想要亲笔写信

## 便于书写的六个『要点』

要点 1

### 感谢之情可以用明信片表达

从前，明信片因为比较简略，很少用来表达感谢。如今，短信和邮件成为主流，明信片则成了比较正式、礼貌的沟通手段。事先准备好明信片和邮票，需要时随时寄出。带有横线的明信片更易书写。

要点 2

### 字好不好看不重要

也许你会觉得手写字不够好看，所以很抗拒手写书信。其实，重要的是亲笔写下文字，表达你的认真和真诚，字迹是否美观不是第一位的。这与声音好不好听很类似。

要点 3

### 不要在意那些繁文缛节

写信时虽然礼仪和格式很重要，但不要被那些繁文缛节牵着鼻子走。时刻都要把真诚表达真实想法放在首位，不要本末倒置。

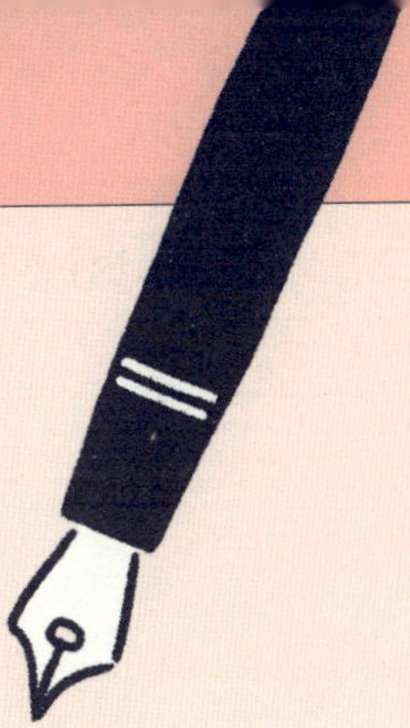

要点 4

## 准备一支书写顺畅的笔

为了写书信，可以准备一支比较高级的钢笔或书写顺畅的文具，以备不时之需。提前准备好文具也会增加亲笔写字的机会，多多练习就会变得得心应手。

要点 5

## 圣诞节也可以写信问候

现在不太有机会亲笔写信或明信片，在出国旅行或出差时给同事寄明信片，即便是圣诞节也大可以寄贺卡联络感情。只要表达出感谢与问候即可。

要点 6

## 用植物或天气表达季节感

正式的书信通常都会从特定的季节问候入手，不必太过纠结，以天气或植物花卉作为开场白，先对对方表达问候，然后再进入正题。

邮件、短信已经成为大家沟通交流的主要渠道，写信的机会越来越少，然而这些知识不妨了解一下哦。

# 感谢、节庆的信件

## 对礼物表示感谢

〈范文〉

漫长的梅雨天终于过去了，
转眼来到阳光明媚的季节。
前几天，我收到您赠送的夏日礼物，万分感谢。
凉爽的水果冰激凌将身心清凉包裹，
草莓、橘子、猕猴桃等的鲜艳色彩也让我心旷神怡。
期待在秋季能再度与您相聚。

范文要点

将品尝后的感想，以及食物的外观尽可能描述得具体一些。

替换要点

用自己的话替换常见的套话，例如把“夏日礼物”改成“冰品”或“夏日风情的礼物”等。

## 对善意的来信表示感谢

〈范文〉

前几天，收到您寄来的信件，非常感谢。
我反复读了好几遍。
您鼓励的话语，让我如释重负。
我决定重新调整状态，加倍努力。
希望以后能够为您效劳。

范文要点

真诚地表达喜悦之情，也可以讲述自己被鼓励后发生的变化。

替换要点

“温暖的话语”“抚慰人心的信件”……告诉对方，他的鼓励对你来说有着怎样的意义。

## 夏季的慰问信

通常在梅雨季节后～立秋前后寄出

〈范文〉

祝您夏季安好。
最近，总是会不自觉地被『生啤』这两个字吸引呢。
别来无恙。
去年夏天，我第一次有幸跟您共事。
转眼已经过去一年，时间过得真快。
其实，最近还有一些事情想劳烦您帮忙。
目前还在准备之中，待蝉鸣稍歇，再与您详谈如何。
请保重身体，一同度过炎夏。

**范文要点**

最后，用关心对方身体健康的话语作为收笔。冬季慰问亦是如此。

**替换要点**

正如范文所示，不要拘泥于套话，用自己的语言，表达真实的感受，给书信注入活力。

## 冬季的慰问信

通常在1月～立春前后寄出

〈范文〉

祝您冬季安好。
近来可好？
岁末年初的工作总算告一段落。
此刻我终于感受到了新年的氛围。
虽然春天还没到来，
梅花盛开的时节，聚一聚如何？
寒冷的季节还在继续，请保重身体。

**范文要点**

至少用一句话概述近况。

**替换要点**

“千万不要感冒”“好好照顾自己”等话语能给人贴心的好印象。

## 为工作伙伴寄去新年明信片

〈范文〉

**恭贺新禧**

去年承蒙关照

今天的我也会在工作中继续迈进

不足之处敬请鞭策

今后也请您不吝赐教

范文要点

贺词（贺年卡最大的几个字）通常以四字居多。用二字、一字略表心意也可以，但对上司、长辈等应尽量避免。

替换要点

“今后请多帮忙”“期待您的耐心教导”“今年也请多多指教”等。

**【贺词的种类和含义】**

- 四字 恭贺新禧（对崭新的一年表达祝福）
- 二字 贺正（正月祝福）
  庆春（欢庆新春）
  迎春（迎接新年）等
- 一字 寿（喜悦）
  春（新年、年初）
  贺（祝福）等
- 一句 新年快乐
  新春吉祥等

## 亲密工作伙伴的新年明信片

范文要点

贺年卡是一年中最初的一封书信。要写上对今后的展望，以及充满祝福的话语。尽量避免“上次的事怎么样了”之类带有催促、批评等含义的句子出现。

替换要点

根据与对方的关系和亲疏远近，适当表达对未来的展望和期待。“与您共事，我受益匪浅”“今年一定会有许多有趣的事发生”等。

〈范文〉

新年快乐

您新颖的想法，
总是能让我眼前一亮。
对于今年的合作，
此刻我已经万分期待。
希望今年我们都能顺顺利利。

## 传递年末感谢之情的明信片

想要表达平日的感谢之情，不妨给对方寄出“岁末明信片”。与常见的贺年卡不同，岁末的明信片适合总结一年以来的得失，对工作伙伴表示感谢，给人留下深刻的印象。

范文要点

以对缘分、相遇的感谢开始，直接表达自己的想法很关键。

替换要点

“希望明年也是个好年”“祝您岁末年初万事如意”等句子都很适合这个时段使用。

〈范文〉

感谢您一年以来的厚爱。
虽然发生了许多状况，
在您的帮助下总算走了过来。
明年也请您多多关照。
祝您度过一个愉快的新年。

DAYTIME

## 不知道谁的职位更高

# 可不要被『头衔』乱了阵脚

执行董事、常务董事和董事谁更厉害啊？
嗯，这个嘛……
职位最大的是三角脸的执行董事
哈哈哈
接着是圆脸的常务董事
嗯嗯
然后是方脸的董事
严肃
哈，居然跟关东煮一样
是呢，要不要一起吃晚饭？

# 第四幕

## 差不多了，下班还是加班？

~收尾阶段的工作秘诀~

DAYTIME

下班后，没什么有趣的事

五个『欣赏』

# 让下班路上更有意思

**欣赏 1**

## 看“现场”，全情投入

脱口秀、舞台剧、音乐会、喜剧演出等现场表演能带来强烈的临场感，让因为工作僵化迟钝的感官得到复苏。有些机构和团体会在特定季节举办活动，多多留意相关讯息，让晚上 6 点之后的安排更丰富多彩。

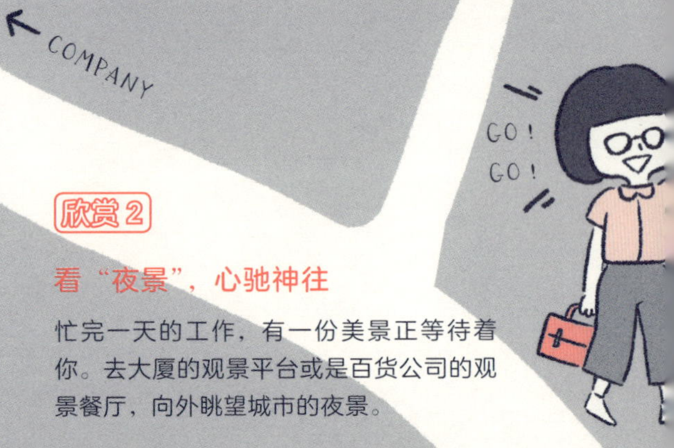


**欣赏 2**

## 看“夜景”，心驰神往

忙完一天的工作，有一份美景正等待着你。去大厦的观景平台或是百货公司的观景餐厅，向外眺望城市的夜景。

欣赏 3

### 去“特殊空间”，感受心跳

夜晚的动物园堪称是一个特殊的空间，动物们与白天看到的样子大不相同，动作和表情各异。有些水族馆也会在夜间开放，生活在都市的人们，夜晚与野生动物来个亲密接触吧。

欣赏 4

### 看“原作”，提高审美

有些美术馆会在特定时段开放夜间参观，如果下班路上条件允许，前往探访一下，开启与工作截然不同的艺术鉴赏模式，与艺术品面对面。

欣赏 5

### 欣赏“白色”，洗涤心灵

夜晚，有一种颜色会特别迷人，那就是“白色”。木莲、杜鹃、紫阳花、夹竹桃、波斯菊、百日红……这些常见的花卉在黑暗中，白色会更显得分外美丽，香味也会更馥郁芬芳。路过绿化带或公园时留心观察一下。

DAYTIME

# 今天又要加班

## 不要被无谓消耗

## 抓住工作的节奏感！

### 设定明确的“时间节点”

设定时间节点时，我们常常会笼统地以“完成策划书”为目标，然而“完成”这个词含义不太明确，经常会有新的问题暴露出来。因此，选择更明确的、可操作的时间节点，例如“写 2 页策划”“1 ~ 5 项全部写完”等等。

### 回邮件前，先完成“自己的工作”

我们经常会把大量时间用来检查邮件，回复邮件，似乎总觉得邮件要第一时间回复。其实，邮件的优先级本来就没有电话高，不要频繁收发电子邮件，两小时看一次足够了。更加关注自己的主要工作，优先完成后再应付往来邮件。

实际上，独立完成的工作与合作完成的工作的时间，大约是 4：6 的关系。如果工作时间不够用，就会给人忙不过来的错觉。

想要感受时间的流逝！推荐沙漏
1、3、5、7、10、15、30 分钟……任你选择

### 用计时器或沙漏，设定“工作完成时间”

在开始某项工作时，想一下大概需要多少时间进行操作。在手机上设置倒数计时，或是使用沙漏进行计时，这样一来注意力会变得比较集中，避免散漫拖拉等情况的出现。另外，把工作拆分成小项，步步为营地去完成，更便于时间的设定。

### “独自完成的工作”也要写入工作手册

日常工作中，绝大部分都是独自完成的案头工作。因为不需要与其他人商量、开会，我们很容易对独立完成的工作放松警惕，经常拖拖拉拉。计算经费、撰写文件等日常工作也要写入工作手册，督促自己在既定时间内完成。

### 写完“明天的待办清单”再回家

最有工作效率的时间段是每天的早晨。在前一天工作结束后，养成习惯，先把“明天的待办清单”写完再回家。这样一来，早晨来到公司后，可以立刻着手处理重要事项，不会懒懒散散地浪费时间。如此循环，你的工作效率会大幅提升。

定时
15:00
时间就是金钱

自己安排时间
嗯
之后再回邮件

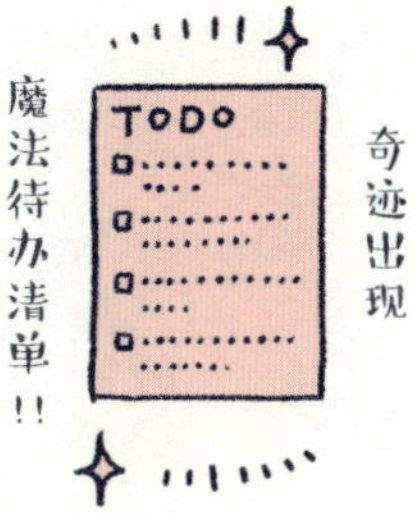
魔法待办清单!!
TODO
奇迹出现

DAYTIME

眼睛酸胀

让疲劳的双眼放松一下

# 拯救疲惫的小诀窍

## 对眼睛有好处的食物和饮料

### 蓝莓

紫色的花青素具有缓解视疲劳的效果，长时间注视电脑屏幕，感到疲劳的话就吃一些蓝莓吧。

### 菊花茶

菊花茶有促进血液循环，缓解疲劳的作用，对于眼部的疲劳也有预防效果。

## 坐着就能完成的眼部保养

### 看保护眼睛的颜色

绿色是具有放松效果的颜色，对眼部的刺激比较小。在办公桌周围放上一些观叶植物，累的时候看一会儿。

### 疲惫时闭目养神

眼睛特别容易受到外界的刺激，感到疲劳时，闭目养神 10 分钟，让紧张的肌肉得以放松。

## 关于蓝光的种种

电脑和手机等液晶屏幕会发射蓝光，是眼部疲劳的主要原因。我们离不开这些电子设备，那么至少把蓝光的影响降到最低限度吧。

**降低屏幕的亮度**

将屏幕整体亮度调低，从而降低蓝光的影响。

**降低蓝色光的亮度**

把屏幕发射的蓝色光线降低，屏幕会看起来偏红。

**使用减轻蓝光的软件**

不会自行调节，可下载相关软件，一键设定。

**佩戴阻隔蓝光的眼镜**

推荐佩戴专门用来阻隔蓝光的眼镜，平光镜也有出售。

**使用减少蓝光的屏幕**

有些屏幕贴膜能够有效过滤蓝光，是不错的选择。

## 看看别处，放松一下

在办公桌边准备几件小物品，让眼睛放松一下。

**万花筒**

变化多端的万花筒是一个异次元空间，会让你暂时忘掉疲惫。

**DIC 色彩卡**

汇集数百种颜色的样本册，可以随意翻阅，沉浸在色彩的海洋。有些样本册以“日本传统颜色”“中国传统颜色”“法国传统颜色”等为主题，很有趣。

**《世界的纹样》（江马进著，青幻舍）**

囊括了世界各国纹样的书籍，美丽的纹样会刺激想象力，也给人旅行般的感受。

**按压改善视疲劳的“丝竹空穴”和“攒竹穴”**

用食指的指腹进行刺激。

DAYTIME

# 办公室伸展体操、穴位按压

## 快速缓解不适感！

### 肩膀和腰酸疼

3 分钟就行了！

## 肩膀、腰部的伸展操

### 肩颈伸展操

1. 双脚开立，与肩同宽，手肘与肩膀同高，指尖搭在肩上。

2. 转动左肩，上半身向右，脸部与身体呈反方向，如此重复 5 次。右侧相同。

### 腰部伸展操

1. 双脚开立，与肩同宽，双手放在肋骨下方，拇指在前，其余手指在后。

2. 转动左肩，上半身向右，脸部与身体呈反方向，如此重复 5 次。右侧相同。

一边工作一边按压！

## 放松肩膀与腰部

### 肩井穴

在肩膀中央的穴位，对于促进肩部和颈部的血液流通很有效果。

### 后溪穴

在小指根部附近，手掌与手背的分界线上。对缓解肩膀疼痛很有效。

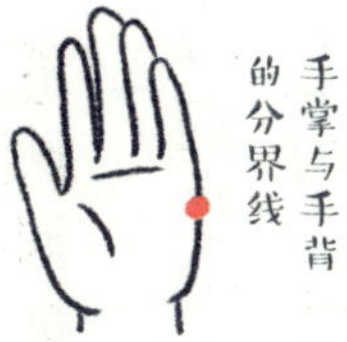


### 合谷穴

在拇指与食指相交的虎口位置，能改善视疲劳和肩膀酸痛。

### 肾俞穴

在腰部位置，从脊骨向外约两个手指，用拇指按压，改善腰部疼痛。

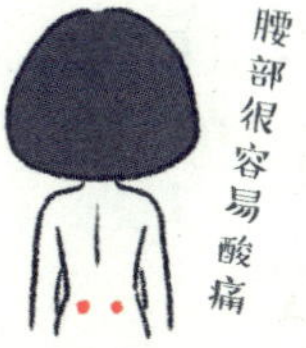


肩酸、腰疼会造成“血液循环不畅”

## 你属于哪种类型？

### 1. 血液浑浊的“淤血型”

➡ 由于压力过大、疲劳、运动不足、挑食等外界原因造成。与肩膀、腰部酸痛有关。

**食疗方法！**

多吃能够排浊的食物，例如胡萝卜、西兰花等黄绿色蔬菜，青背鱼也不错。

### 2. 手足冰凉的“畏冷型”

➡ 手脚冰冷、腰部寒冷，很容易感到疲倦。血管伸缩性不好，血流不畅。

**食疗方法！**

温热身体，多吃韭菜、生姜、黑糖和栗子、核桃、花生等富含促进血液循环的维生素 E 的食物。

### 3. 消化器官薄弱的“胃肠虚弱型”

➡ 胃肠道较弱的人，无法吸收到充足的营养来形成肌肉，血液循环也不好。

**食疗方法！**

调整肠胃状态，吃土豆、红薯等根茎类食物。

说到能够促进血液排毒的食材，非洋葱莫属！另外，要记得多多补充铁元素哦。

DAYTIME

# 让双脚变轻松的五个习惯

## 应对水肿大作战！

双脚肿胀

排出代谢废弃物
暖暖的很舒服

### ① 让足部保持温暖

身体寒冷，足部的血液循环就不畅通。冷空气会盘踞在房间的下层，盖上毯子，或贴上足部专用的暖宝宝，做好保暖工作。准备一个纸箱，放个暖水袋进去，立刻温热足部。

### ② 经常补充水分、上厕所

积聚在身体里的代谢废弃物是浮肿的罪魁祸首。空调办公室非常干燥，要经常补充水分。另外，也不要憋着不去洗手间，身体的水分循环是很重要的。

### ③ 穿着塑身裤袜

穿着具有一定压力的塑身裤袜，对腿部的血液循环和淋巴流动进行刺激。如果不想一整天都穿着的话，可以到公司后再穿，下班前脱掉即可。

瘦腿袜很有效　　吃根香蕉垫垫饥　　看不见的地方做运动

## ④ 不要过多摄入盐分

很多快餐食品和加工食品都添加了大量的盐，摄入过多，体内会聚积大量的水。多吃一些柿子干、香蕉等富含微量元素的食物，具有利尿的功效。

条件允许的话，在办公桌下放个纸箱当作足凳。

## ⑤ 脚踝伸展操

想要促进血液流动，排出多余的水分，脚踝是身体的关键部位。

### 上下运动脚尖

脚跟不要离地，抬起脚尖，使用小腿的肌肉，让脚尖上下运动，抬起几秒后放下。

### 上下运动脚跟

脚尖不要离地，抬起脚跟，脚背肌肉充分拉伸，让脚跟上下运动，抬起几秒后放下。想象走楼梯时的感觉。

DAYTIME

# 手脚发冷

## 只需『六个温热小贴士』
## 让你在寒冷的办公室全身暖暖的

### 六个需要温热的部位！

感到寒冷时，血液循环往往不太顺畅，温热颈部、腹部、腰部和大腿、臀部、手臂、脚踝很重要。

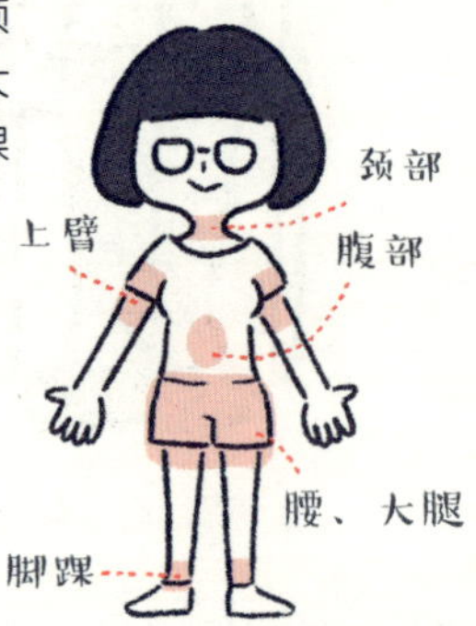


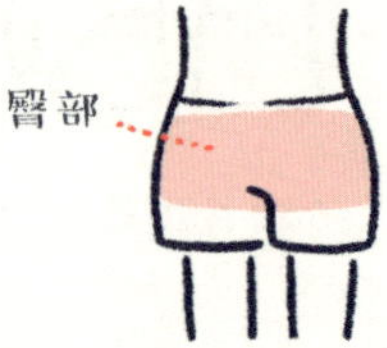


### 1. 温热颈部

穿着漏出颈肩的服装时，在办公室准备一条披肩，温热颈部能够促进头部的血液循环。

**隐藏暖宝宝的方法！**

可以穿高领衣服，用领子遮住暖宝宝。

### 2. 温热腹部

在衬衫之下穿一层护腰，会明显改善腹部畏冷的状况，对内脏的保养也非常有效。

**隐藏暖宝宝的方法！**

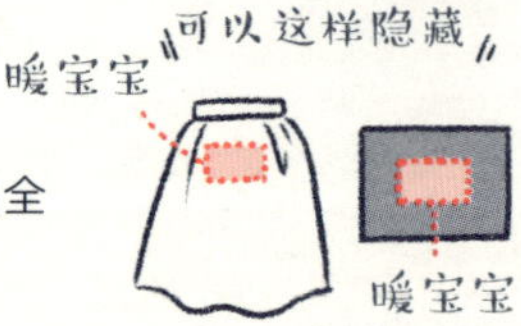


在护腰和裙子背面粘贴，完全不会被发现。

## 3. 温热腰部、大腿

办公室空调强劲，下半身要特别保护，盖上毯子吧。

### 隐藏暖宝宝的方法！

在办公室准备背心或夹克，背面粘贴暖宝宝，冷的时候披一下。盖在腿上的毯子也可以粘贴暖宝宝。

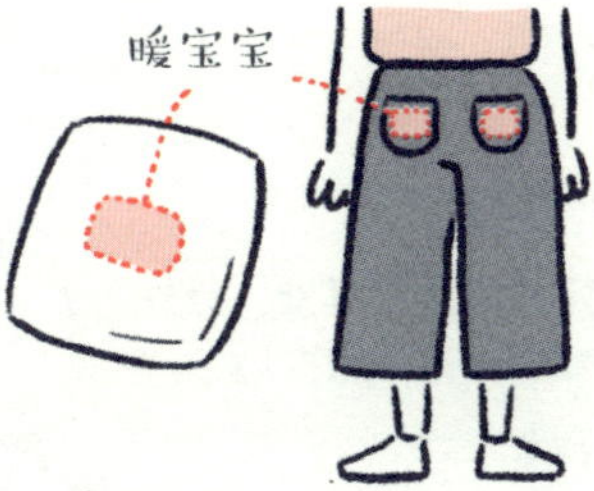


## 4. 温热臀部

在臀部下面垫上一个坐垫，能够有效改善臀部畏冷的状况。如果臀部发凉，要及时应对。

### 隐藏暖宝宝的方法！

在坐垫套的内侧粘贴暖宝宝，或是在裤子后袋里粘贴。

## 5. 温热手臂

手臂是我们很容易忽略的部位，血液循环不畅通，“蝴蝶袖”会越来越严重哦。夏天在办公室披一件开襟衫吧。

### 隐藏暖宝宝的方法！

粘贴在衣服的内侧，重点温热手臂。

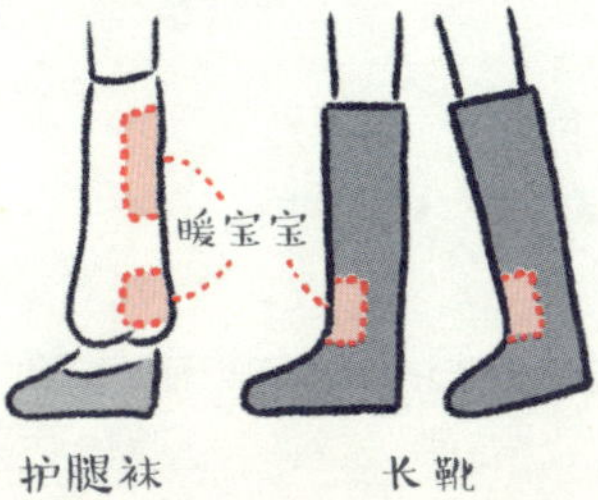


## 6. 温热脚踝

可以在办公室准备护腿等单品，脚被称为“第二心脏”，重要性不言而喻，要促进下半身血液循环。

### 隐藏暖宝宝的方法！

粘贴在护腿内侧或脚踝前方的位置。

DAYTIME

## 疲倦、冷、发呆

## 留意身体状态的变化

# 感觉「要感冒」的时候……

### ① 温热身体

提高体温能够强化免疫力。泡个热水澡，多穿一件衣服，或是贴上暖宝宝，总之让身体热起来。

**【生姜煮黑糖】**

生姜能赶走寒意，黑糖能促进血液循环，喝一点对感冒很有效。

〈做法〉在 700ml 水中加入 5 片生姜和 20g 黑糖，煮 15 分钟。

### ② 睡个好觉、多喝水

为了恢复体力，充足的睡眠是基础。另外，水分不足也会加快细菌的繁殖，在床头放一杯水。

### ③ 饮用葛根汤

葛根汤在感冒初期非常有效，感觉身体发冷、关节疼痛时，用中草药发发汗，赶走感冒病毒。

### ④ 多喝茶

**紫锥花茶**

具有预防感冒、流感等各种传染性疾病的作用。

**接骨木茶**

能有效对抗炎症，被称为流感特效药。适合出现感冒初期症状时喝。

**桂花红茶**

能帮助缓解鼻塞，适合感冒初期饮用。

**茉莉花茶**

具有调节肠胃、温热内脏的功效，也可以预防感冒。

### ⑤ 不要勉强工作

感到身体不适，你工作一个小时，可能只有平时 30 分钟的效率。身体不对劲，不要撑着，准时下班，或早退就医。

### ⑥ 尝试喝醋水

将醋与水按照 1 : 3 或 1 : 5 的比例混合饮用，具有显著的杀菌效果。

### ⑦ 按压风池穴

风池穴在头后部，具有缓解鼻塞、头痛、无力等感冒初期症状的效果。风池穴具体在头后部发际线两侧肌肉凹陷处。

## 爱护自己
## 身体是一切的根本

能够导致感冒的病菌据说有数百种，一不留神，很可能就会发病……平时要特别注意生活规律，保护自己。

### 1. 洗手、漱口

在人多的地方行走，或是触碰了交通工具上的公共部位，很容易传染到细菌。多洗手和漱口，保持清洁。

### 2. 外出常备口罩

感冒病菌喜欢温度较低、空气干燥的环境。戴上口罩，保持口腔周围的温度和湿度，能有效抑制细菌的繁殖。

### 3. 鼻部呼吸优于口腔呼吸

不要用嘴巴进行呼吸，而是通过鼻子呼吸，鼻子里的黏膜和鼻毛会成为天然的屏障。

### 4. 提高室内的湿度

冬天房间的湿度在 50% ~ 60% 为宜。湿度提高能明显抑制细菌的活动。在房间晾衣服也有帮助。

### 5. 注意室内换气通风

冬天往往门窗紧闭，这就加快了细菌的繁殖。上午和下午各开 1 ~ 2 次窗，有意识地通风换气，避免污浊空气盘踞室内。上洗手间时，外出走动呼吸新鲜空气。

DAYTIME

# 太忙了没时间去医院
## 时刻调整『身体状态』
## 关爱身体的具体方法

### 保持身体状态也是工作的一环

每天身处职场，会不会不自觉地因为忙碌而忘记了对身体的呵护呢？你有没有对身体的问题置之不理呢？

如果有任何不对劲的地方，应该及时去医院就诊。强撑着完成工作只会错过治疗的最佳时机。

### 在工作间隙抽空去医院

◎ 在公司周围找到一家合适的医院

不要在休息日去医院就诊，在公司周围找到一家合适的医院，最好有一位比较熟悉的医师，一有问题立刻前往就诊。

◎ 整体考虑就诊时间与工作安排

你会不会因为工作繁忙，约好了医生却临时放鸽子……要把去医院就诊看作是“一项工作安排”，两者是同等重要的。

◎ 提前列出症状与就诊目的

在医院就诊，医生会询问病症的状况与发病过程，提前记录，免得到时候说不清或记忆模糊。另外也要明确告知就诊目的，帮助医生对症下药。

## 职场女性应定期接受的检查

### 子宫颈癌体检（检查频率：20 岁以上每两年一次）

子宫颈癌多见于 20 ~ 40 岁女性，初期没有明显的症状，只有定期体检才能提前发现。一般来说，这一病症进展缓慢，只要早发现，治疗效果都不错。

### 乳腺癌体检（检查频率：20 岁以上每两年一次）

乳腺癌是东方女性最容易罹患的癌症。只要早发现，90% 以上都能治愈。定期体检至关重要。

## 以下职场多发病值得特别留意！

在办公桌前保持相同的姿势，或忍着不去洗手间，时间久了身体就会出现各种各样的问题，以下两种要特别注意。

### 关于膀胱炎

1. 有意识地补充水分

水分能够帮助代谢废弃物，减少毒性。

2. 多多更换生理用品

女性相较男性，尿道较短，膀胱容易感染病菌。月经期要勤换生理用品。

3. 温热腹部

身体的寒冷会让膀胱血液循环不畅，白天也要养成温热腹部的习惯。

### 关于痔疮

1. 不要忽略便秘

排便疼痛会给肛门带来极大的负担。多多摄入膳食纤维和水分，让每天的排泄更顺畅。

2. 案头工作更要抽空活动身体

血液循环不畅是痔疮的主因。不要长时间保持同一姿势，每小时起来走动一下，松松筋骨，缓解臀部的紧张状态。

3. 温热臀部

臀部的寒冷也会导致肛门附近血液循环不畅，用坐垫、暖宝宝等小物预防臀部的畏冷问题。

DAYTIME

# 每个月的那几天，心情不会好

## 与生理节律化敌为友

## 妥善安排工作的三个小诀窍

### 经期是最直接的晴雨表

腰部肿胀、腹部疼痛、头晕无法集中注意力……月经周期内，心情跟身体都会出现各种不适症状，这是身为女性都要面对的问题。然而，把握好自身的生理周期，能让你更灵活地掌握身体和心情变化的节奏，对于工作也有一定的帮助。

## 1 月经期

黄体素与卵泡成熟素减少，子宫内膜脱落，崩溃出血，导致月经来潮。

### 身心的变化

容易疲劳、贫血，眼部疲劳会加重经痛，电脑的使用适可而止。

### 饮食的调整

多多补充铁元素，强化造血功能。富含维生素 B 的西梅对贫血和健忘都很有效。

### 生活方式的调整

这段时间情绪容易起伏，早点回家，放松一下。工作方面尽量不要勉强自己。贫血会让大脑功能下降，更容易犯小错误，多多检查几遍，防患于未然。保暖和饮食很重要。

## 2 月经后～排卵日

卵泡成熟素开始分泌，接近排卵日。卵泡渐趋成熟，子宫内膜变厚。当卵泡成熟素分泌达到顶峰，黄体生成素开始分泌，促进排卵。

### 身心的变化

肌肤状态改善，身体更紧致，最有女人味的一段时间。

### 生活方式的调整

如果需要认识新的人，或是当众讲解 PPT，这是最佳的时间段。另外，由于身心都处于最佳状态，很适合面对新的挑战。多多安排约会吧。

## 3 排卵日～月经前

排卵后的卵泡形成黄体，分泌大量黄体素。为迎接受精卵着床，子宫内膜变软。

### 身心的变化

排卵日之后，情绪起伏变大，容易疲倦浮肿。另外，接近月经还会让人产生烦躁和不安的情绪。

### 生活方式的调整

血液循环不畅、身体容易浮肿的那几天，不要穿着高跟鞋，减少身体负担，调整饮食结构。遇到不顺心的事情，看开一点，毕竟这段时间很特殊。

### 饮食的调整

为了缓解烦躁情绪，不要摄入含有咖啡因的咖啡或功能饮料。多油多盐的食物也会加重身体浮肿。多多摄入维生素、矿物质、膳食纤维。挑选黑豆、芝麻等深色食材准没错。

DAYTIME

## 有点饿了呢

## 零食点心也可以很健康

# 小点心的节奏感

### 清爽！

#### 盒装鲜切水果

如果觉得甜品很有罪恶感，买一份鲜切的盒装水果吧，放在公司冰箱里，肚子饿的时候再吃。也可以自己准备好带来公司，简单而充满成就感。水果的色彩会为你注入活力。

### 香浓！

#### 专治馋嘴的奶酪

奶酪通常是配红酒吃的，作为点心也非常合适。奶酪含有丰富的钙质，含糖量较少，非常健康。另外，奶酪种类繁多，挑选、尝试不同品种也是乐趣所在。

### Q弹！

#### 刚好一口，魔芋布丁

富含膳食纤维，热量较低的魔芋布丁是甜品的首选。魔芋布丁甜度适中，弹弹的口感会缓解身体的疲劳。

## 香脆！

### 香味四溢的坚果类食品

咀嚼几颗坚果会让你立刻产生满足感和饱腹感。咀嚼这一动作本身也能赶走困倦，刺激脸部肌肉。想要摄入脂肪的话，坚果是不二之选。

## 美味！

### 酸酸甜甜的超美味海苔

一片一片的海苔，吃起来完全没有负担。甜味和酸味具有缓解疲劳的效果，丰富的食物纤维还能帮助改善便秘问题。

## 脆脆的！

### 容易吃上瘾的腌制食品

如今，便利店有很多分装的小份腌制食品出售。适当摄入盐分，能够缓解疲劳。另外，白菜、萝卜等腌制蔬菜含有大量食物酶，对肠胃很有帮助。

如果肚子饿了，吃一些对身体有益的零食，免得自己食欲大开，瘦身计划功亏一篑。

# 今天又吃便利店，没胃口

## 让公司附近的便利店晚餐更有满足感

### ①味噌汤和浓汤会让肚子彻底暖和起来

夜晚，一整天的疲劳排山倒海而来，喝一碗汤，让肚子彻底暖和起来，还能有效防止晚间饮食不消化哦。

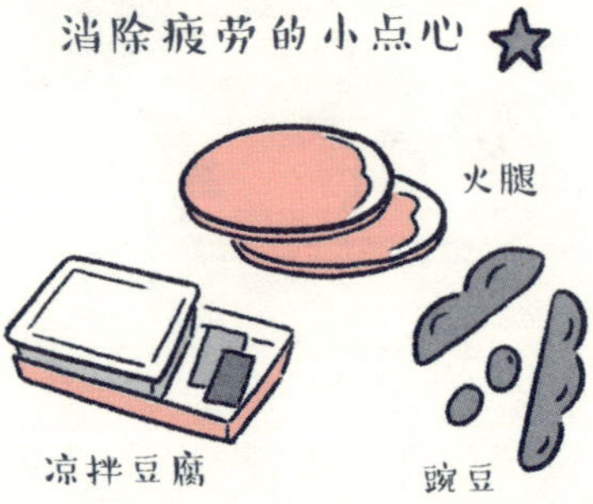


### ②选择能缓解疲劳的食材

维生素 $B_1$ 能够促进糖分的代谢，维生素 $B_2$ 会促进脂肪的代谢，它们都具有消除疲劳的作用。猪肉、火腿、大豆富含维生素 $B_1$，而肝脏、鳗鱼、纳豆、牛奶和酸奶等乳制品富含维生素 $B_2$。

### ③摄入主食补充必需的能量

意大利面、面包等小麦制成的食物会让身体变冷，尽量吃米饭，温热身体，饱腹感也好。在米饭上撒一些芝麻，摄入钙质。

### ⑤用香辛料为口感加点料

生姜、大蒜、葱、紫苏等香辛调味料对身体都非常有益，在点菜时着重挑选一下。在菜品上撒上一些香辛料，也能帮助温热身体。

### ④停下手头的工作好好吃饭

工作繁忙时，我们顾不上吃饭，有时候去便利店，不到 10 分钟就吃完了。其实，好好吃饭，才能产生满足感哦。

我会经常准备生姜哦。在红茶里加一点就是一杯生姜茶啦。保持体温比什么都重要。

DAYTIME

# 傍晚的补妆小技巧

## 补个妆，心情大好

一到晚上就脱妆！

容易脱妆的两大区域！

因干燥引起脱妆的区域

这里是干燥导致粉底脱妆严重的地方。

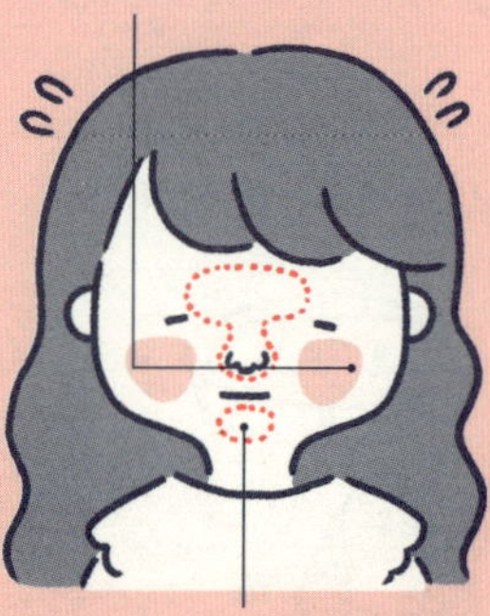

因出油引起脱妆的区域

T 区和鼻翼的地方。

### 在“T 区”用手指将油脂与粉底抹匀

T 区稍做补妆，就能令整体印象大为改观。先用手指将出油区域涂抹均匀，油脂虽然会导致脱妆，但也是肌肤不可或缺的滋润成分。

### 在容易干燥的“脸颊”涂抹霜状腮红

脸颊不需要重新涂抹粉底，选择一款乳霜质地的腮红吧，点上三下，用手指晕开即可。

### 在“唇部”同时进行保湿和卸妆

使用棉签，蘸取润唇膏，为双唇进行保湿和卸妆，有助于保持口红的服帖度与色泽。

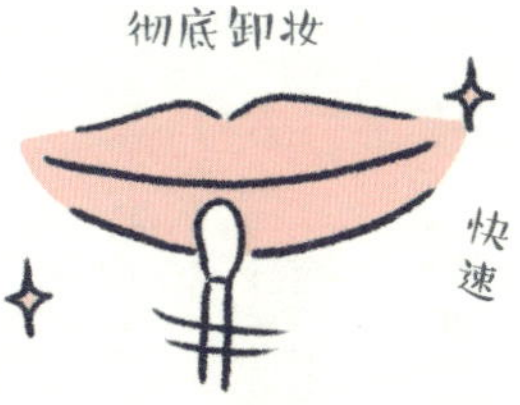


### 在脱妆的“眼周”涂抹乳液和遮瑕

应对眼线与睫毛膏的脱妆，用棉签蘸乳液擦拭，还能兼顾保湿。另外，蘸遮瑕膏擦拭，还能同步补妆。

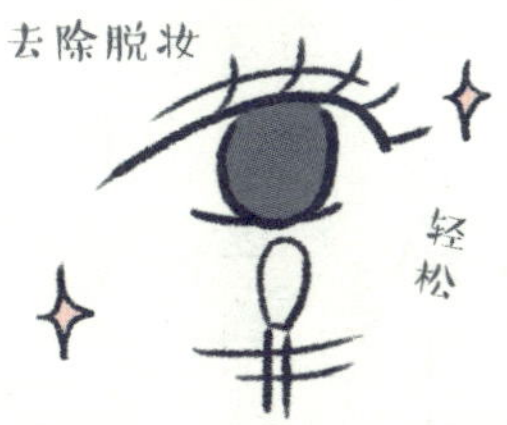


### “睫毛”的补妆用电卷棒更方便

使用电卷棒为睫毛施加卷度，随后再次涂抹睫毛膏。电卷棒能快速卸除结块的睫毛膏。

### 充分去除“眉毛”的油脂

用棉签擦去油脂，随后重新描眉，妆效会更服帖。

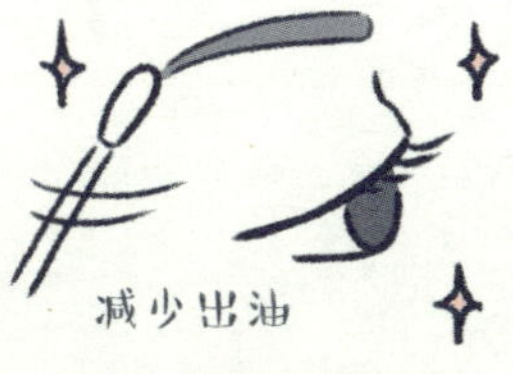


**化妆包中需要常备的单品**

乳液：同时兼顾卸妆和保湿
纸巾：适当擦去油脂
棉签：轻松应对细节部分的补妆

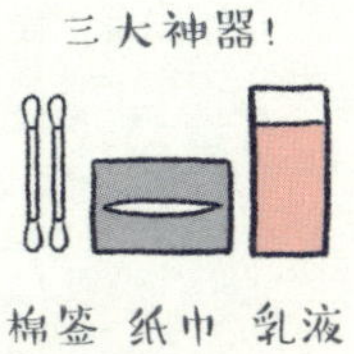

DAYTIME

# 聪明地喝酒应酬

## 尽情畅饮，轻松工作

# 预防、应对宿醉小贴士

## 可以喝，但第二天……预防宿醉小诀窍

### 事先服用姜黄素

姜黄素如今在市面上非常多见，它具有分解酒精的功效，强化肝脏功能。如果不方便喝液态产品，预先准备营养补给片随身携带。

### 多多喝水

喝酒的场合，也要多喝水。如果饭局刚开始不适合下单，等酒过三巡后再叫来服务员。

### 多喝柚子果汁

柚子类果汁富含果氨酸，能帮助分泌胃液和唾液。另外，果糖和维生素 C 还能缓解宿醉，让你第二天状态依然满格。

# 糟糕……不舒服 如果有宿醉的危险

## 大量饮水

多喝水是分解酒精的前提。水、碳酸饮料、果汁、富含矿物质和微量元素的椰子水、咖啡，甚至是味噌汤都 OK。一有机会就喝水。

## 值得推荐的饮料、食物

### 加入大量牛奶的咖啡

咖啡含有咖啡因，能帮助排出乙醛。当然，喝太多咖啡会影响肠胃功能，切忌喝黑咖啡。加入牛奶、豆奶或糖，稍微中和一下。

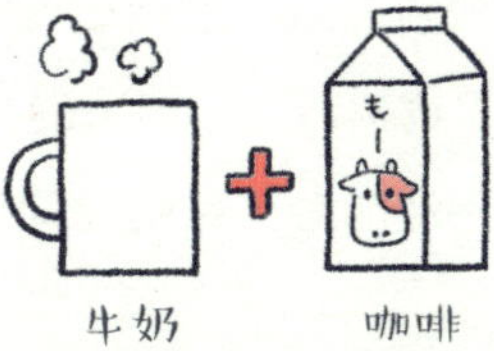


### 蜂蜜水

蜂蜜中含有的果糖能够促进酒精的分解，在热水中加入一勺蜂蜜即可。碳酸饮料里加入蜂蜜与切片柠檬也很爽口。

### 切片番茄配生姜蜂蜜汁

在切片番茄上淋一些“生姜蜂蜜汁”，还可以加入酱油和色拉油，口感很清爽，同时能够帮助分解酒精，富含维生素和矿物质。

## 如何消除酒气

### 通过淋浴、泡澡，洗去酒精的味道

身上沾有酒精的话，很容易随着汗液挥发出来。就算晚上没力气洗澡，第二天出门前一定要淋浴。温热身体，出出汗也能帮助去除酒气。

### 刷牙的时间要适当延长

喝完酒，身体处于脱水状态，口腔非常干燥，口气比较重。因此第二天早上，多花点时间刷牙漱口。

# 组织聚餐是绝佳的锻炼

有些人会觉得组织聚餐吃力不讨好……
其实组织者这个角色，是锻炼自身各项能力的机会。
组织聚餐，能够充分锻炼以下 4 项能力！

1. 资讯收集能力（挑选餐厅）
2. 策划能力（如何让气氛热闹起来）
3. 流程执行力（当天的流程、餐厅的联络、费用的收取）
4. 招待能力（如何让同事们尽兴）

又能品尝美食美酒，又会得到同事们的感谢，同时还能锻炼工作能力，简直一石多鸟！

如果还是觉得很麻烦……

## 担任组织者的三大好处

### 1. 体验掌控全局的感觉

整场聚餐，你能够完全控制地点、人、时间，这是不可多得的体验。

### 2. 让所有参加者了解你

有些同事工作中很少交流，聚餐是最好的机会，可使职场人际关系更和睦，工作也更容易开展。

### 3. 与餐厅建立良好的关系

工作中，经常需要在餐厅招待客户，如果有一两家熟识的餐厅会非常有帮助。有时候这会使你的工作大大加分。

# 选择餐厅、事先踩点很重要

## ☑ 聚餐的主角是谁？

聚餐当然要首先考虑主角的需求，先询问一下他的口味偏好和要求。

## ☑ 聚餐的主题是什么？

如果聚餐的目的仅仅是“喝酒”或“欢迎、欢送”那就太无趣了。发挥作为组织者的策划能力，设定一些主题，或是与日常工作有所关联，调动参与者的积极性。

## ☑ 餐厅交通方便吗？

餐厅距离公司多远？距离车站多远？充分考虑同事们前往餐厅的便捷程度。

## ☑ 座位是何种形式？

需要脱鞋吗？是圆桌吗？综合考虑参与者的身体状况，有没有腿脚不便或不适合久坐的人等等。

## ☑ 座位是否隔得太远？

参与人数与每一桌的人数都要考虑进去，座位之间的距离也会影响现场的沟通。

## ☑ 餐厅是否禁烟？

餐厅基本上都是室内禁烟的，为了迁就吸烟的同事，事先与餐厅方面确认，餐厅或周围是否有吸烟区。

## ☑ 菜品和饮料可以提要求吗？

为了活跃气氛，菜品和饮品自然也很重要。不要完全依赖餐厅原本的菜色，考虑主角的口味偏好与聚餐预算，让餐厅准备一些特殊的菜品。

## ☑ 有地方摆放物品吗？

参加者较多，外套等随身物品可能会放不下，这方面也要事先与餐厅方面沟通清楚。

# 从通知到收取费用，组织者的五个步骤

## 步骤 1　向必须到场的人询问时间安排

首先，向聚餐的主角、上司等必须到场的参加者询问时间安排。时间确定后再通知其他参加者即可。

## 步骤 2　确定餐厅

餐厅的选择请参考 P151。

## 步骤 3　确定参加者的人数

聚餐开始前可能会有人数的增减，询问一下餐厅是否可以灵活应对。

## 步骤 4　告知聚餐的具体事宜

将聚餐的主题、时间、地点、交通、主要菜系、费用、付费时间等信息发布出去。费用要预留一些空间，相对设定得高一些，如有剩余另行退还即可。

欢迎加入本公司！新员工欢迎大会
时间：4 月 30 日（星期五）
晚上 7 ～ 9 点（预计 2 个小时）
地点：好吃酒家
地址：● × △● × △
交通：请点击以下网址。
www.haochi.……
费用：每人 300 元，多余的会另外退还。
收费时间：当天下午会向大家直接收取，请事先准备好。如果需要外出，请提前支付给聚餐组织者。

## 步骤 5　收取相关费用

按照原计划，收取聚餐的费用。事先罗列出参加者名单，收到后及时做记录。收费的时间最好是当天聚餐开始前，太早收还需要涉及费用的保管。

# [ 抓住这几点，让喝酒的人、不喝酒的人都尽兴 ]

## 不能喝酒却被劝酒怎么办……

不能喝酒，却很享受聚餐的氛围。

了解自己的酒量……

要表现出虽然不喝酒，但非常乐在其中的感觉。还可以跟大家聊聊关于饮酒喜好的话题。另外，用自己的亲身经历，让大家明白自己的“酒量”在哪里。

## 能喝酒的人如何照顾不喝酒的人……

接下来我们进入软饮料时段。

我想喝点水，你要吗？

席间不要营造出劝酒的氛围，让餐厅准备软饮料的菜单，适时地换换口味。如果发现有同事略有醉意，在点矿泉水时也可以帮他点。

### 如何斟酒

只言片语：“要加一点吗？”“帮您斟上好吗？”

啤酒：右手握住啤酒瓶标签下方，左手抵住瓶口附近。

清酒：右手握住酒瓶中央，左手抵住瓶底。

### 如何接受斟酒

只言片语：“恭敬不如从命！”“谢谢！”

啤酒：双手握住酒杯，杯口稍稍倾斜。

清酒：手指并拢，双手握住酒杯，酒杯端平避免倾洒。

红酒：不用端起酒杯，将酒杯放在桌上由对方斟酒，也可以将手指轻轻置于酒杯底部。

# 组织者的任务和座位安排

组织者因为需要点菜、帮助撤换杯盘等，要坐在靠近出入口的位置（也就是所谓的末席）。

关心一下菜品和饮品有没有上桌，观察一下在场的同事是否尽兴，组织者要调节聚会的氛围，还是很忙的呢。

## 房间的类型与座位的安排

距离出入口最远的位置是所谓的上座（图中的①号位）。上座通常留给地位较高的人或客户，相反则适合坐在末席。如果分不清楚，尽量坐在靠近出入口的地方。

**日式**　如果榻榻米房间有壁橱的话，壁橱前方的是上座。如果没有壁橱，那么距离出入口最远的位置是上座。

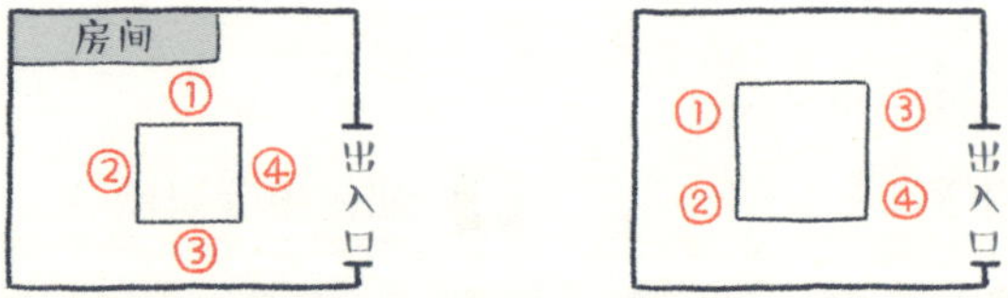


**西式**　距离出入口最远的位置是上座。

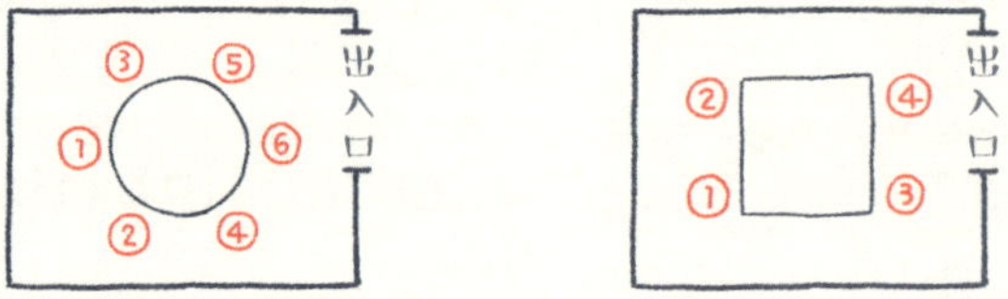

# 给聚餐的主角送一份合适的礼物

## 送花

事先了解对方的喜好。喜爱的颜色、花卉品种……根据对方的个性特点，或是想要表达的情感，结合花语进行选购。选好花束之后，由谁来送也很重要。比较常见的是由工作上的亲密伙伴、直属的上司或下属赠送。

表达“感谢”的花朵

风铃草、兔尾草

表达“希望”和“祝愿”的花朵

土耳其桔梗、豌豆花

表达“性格特征”的花朵

信赖：玛格丽特

优雅：大丽花

甜美：风信子

温柔：玉蝉花、蜡梅

高贵：玫瑰、矢车菊

大胆：康乃馨

体贴：虞美人、郁金香

这么多年辛苦了
好开心
头像蛋糕
小礼物

## 让参加者每人准备一份礼物

如果需要赠送礼品，可以集资购买一份相对贵重的礼品，也可以要求大家每人送一份小礼物，限制在一定金额以下。主角表示感谢时当场打开大家的礼物，现场气氛一定会很好。

## 赠送特制的蛋糕

要求蛋糕店在蛋糕上绘制卡通形象，给聚餐主角一个惊喜。另外，别忘了与餐厅确认能否借用冰箱等事宜。

送礼的同时，让大家写下卡片，表达心中的感想。熟悉的客户收到你们的礼物会特别感动。

# 容易影响人际关系的“职场导火索”应对方法

## 关于传言

当有人告诉你一些公司内的传言，不要急着表态，说一些模棱两可的话，例如“哦？是吗？”“第一次听说！”等等。如果你当场表示赞同，很可能会被视为散播谣言的人之一。

## 关于无人负责的麻烦事

你有没有发现，公司里经常没有人主动倒垃圾，也没有人替换纸巾……如果总是自告奋勇，过后难免抱怨，“为什么总是我”。把需要大家分担的事务列出来，让上司分派工作或安排轮流负责为好。

## 关于遗失物品

在职场丢失贵重物品或钱包很容易引发纠纷。因此，首先要时刻保管好自己的私人财物，一旦发生失窃，先找上司商量。千万不要因为个人单方面的猜测，对其他同事表示怀疑。这么做对你毫无益处。

## 关于性骚扰

对于那些涉嫌性骚扰的问题，例如有没有结婚、有没有谈恋爱、都 30 多了不小了等等，不予理睬是最好的选择。如果考虑到职场的氛围，不能太过强硬的话，试试以下的应对方式。

### 明确表示出不舒服

“对不起，你这么说我很不舒服。”
“对不起，这个问题我不想回答。”
➡直截了当表达自己的感觉，表示自己受到了冒犯和伤害，让对方适可而止。

### 用开玩笑的方式回应

“你这么说可是性骚扰哦！信不信我揭发你！”
➡如果是比较熟悉的同事，这样的方式往往没那么生硬。

### 岔开话题

“呃……对了，上次的事情怎么样了？”
“先不说这个……开会时我想到一个问题……”
➡转移到最近的工作，自然地岔开话题。

### 离开现场

“哎呀，有人找我，我先去一下。”
“不好意思，有电话进来了……”
➡离开现场，让对话暂时告一段落。

### 无声的抗议

“……”
➡默不作声，让对方感受到你不想聊这个。

# [ “怎么办？”“糟了！”之后的应对方法 ]

## ⓘ 跟不上大家的思路……

在会议或洽谈中，有时候会涉及不了解的话题。虽然直接表示“没听说过”有点丢人，但真诚地向在场的人请教，会给别人留下好印象。

## ⓘ 犯了错，想要通报……

当犯了错误，很可能因为不想被责怪，不想承担负面的后果，犹豫该不该向上级通报，并试图独自补救。然而，在职场上，我们需要把损失降到最低限度，犯错后要养成习惯，第一时间通报。

## ⓘ 忘了上司的工作要求……

这时候，先完成力所能及的，随后把不清楚的部分列出来，重新询问上级的指示和安排。不要怕麻烦，当场做笔记，认真记录，避免重复提同一个问题，这样才能给上司留下认真负责的好印象。

## ❗ 打了招呼，却发现名片用完……

与客户初次见面，却发现身边没有名片，这是非常没有礼貌的。不要说“忘了带名片”，而要道歉说“名片刚好发完了”，并口头报出公司名称和自己的姓名。随后尽快补上名片，再度表示歉意。

如果需要临时准备名片，可以寻找开设在车站、商场的印刷小店，当场制作名片。虽然是临时的名片，总比没有强。

## ❗ 想不起对方的名字……

在工作中，忘记对方的姓名是很失礼的情况。如果实在想不起来，表示:“不好意思，这么久没见面，能跟您重新交换一下名片吗？”很可能会顺利地蒙混过关。或者干脆表明:“不好意思，能再问一下您的名字吗？我记性真是太差了……”

### 记忆姓名的诀窍

在职场，记住工作伙伴的姓名也是非常重要的工作内容。在拿到名片的当天，记录下对方的特征、交流的内容，这会成为下次见面时的话题。如果同时收到多张名片，建议将名片放在一起复印在A4纸上保存，并做个“某某派对”之类的标记，帮助记忆。

DAYTIME

# 聪明利用公共空间

## 想暂时静一静

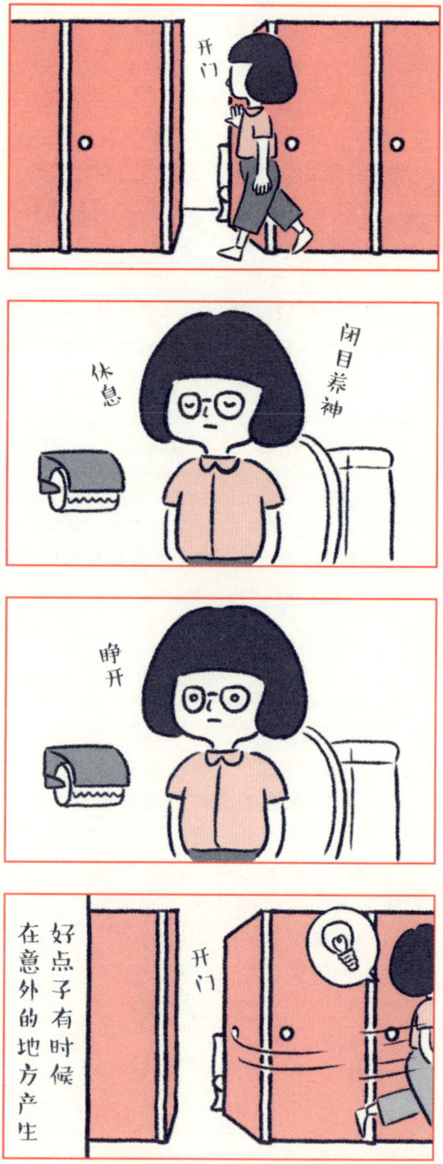

# 第五幕

# 回到家，开始为明天做准备！

~ 前一天晚上的工作秘诀 ~

NIGHT

# 恢复活力！享受泡澡时光

在最能放松的地方

如何缓解疲劳

## ① 补充水分，促进循环

在泡澡之前，喝一大杯水。推荐喝常温水而不是冰水。随后通过温暖身体，让血液循环得到活化，整个人彻底活过来。

## ② 脸部保养，充分滋润

贴一张面膜，或是在脸上涂厚厚的一层保湿乳霜，泡完澡后再擦拭清洁。平时不注重保湿的你会惊讶于肌肤的显著变化。

## ③ 浴盐单品，恢复活力

如果觉得泡澡很麻烦，提不起兴趣，购买一些特别的浴盐。例如温泉、碳酸、排毒、芳香等等，根据当日的心情选择。

## ④反复泡澡，提升代谢

采取反复泡澡的方式，例如泡 5 分钟、离开 2 ~ 3 分钟洗头，再泡 5 分钟、再离开冲淋身体等。反复冷热交替会提升身体代谢机能，有效缓解疲劳。

## 泡澡伴侣！

看杂志
将一些不怕弄湿的杂志带入浴室，一边泡一边看。

芳香精油
挑选薰衣草、洋甘菊等花卉精油，滴上几滴，享受惬意时光，告别疲劳和紧张。

看电影
如果手机具有防水功能或装了防水保护套，可以一边泡澡一边看电影。

### ⑤ 让身体毫无负担，焕发活力

泡澡时，在水的阻力下配合简单的伸展运动，各种不适消失无踪。

★肩膀轻松！
手臂伸展运动。抬起双手，一只手将另一侧手肘往身体内侧推，另一边同样进行。改善肩颈酸痛。

★消除浮肿！
按摩脚踝到小腿的区域，或是抬起一条腿，用手指按摩足底，促进淋巴的循环。

★塑紧腰身！
双手叉腰，臀部微微抬起，左右转动腰部。

### ⑥关灯泡澡，调动感官

有没有尝试过将所有照明关闭，在漆黑的浴室泡澡呢？侧耳倾听窗外的声响，调动感官，体会身体轮廓渐渐消失的奇妙感觉。

※ 由于精油高度浓缩，错误使用可能有风险，请严格遵照产品使用说明。

NIGHT

如何品尝消夜

# 何不把『深夜食堂』看作消除压力的好方法，下厨小贴士

**切丝！**

萝卜、胡萝卜、卷心菜等用来拌色拉的食材可以切成丝。不要觉得麻烦，一门心思地投入这项重复的劳动，心情会很放松。

**碾碎！**

在密封袋中加入爱吃的坚果，用擀面杖等彻底碾碎，让自己的破坏欲得到满足。碾碎后的坚果可以撒在色拉上，用途多样。

**榨汁！**

在肉类、鱼类、色拉等菜品上，挤上一些柠檬汁。柑橘类所富含的香气能消除压力，就算是便利店的食材也会使人胃口大开。

# 超简单消夜，记住三个“不”

## 1 不憋着——想吃就吃！

晚上不太适合吃高热量的食物或甜食。但是，如果太亏待自己，想吃却要忍着，反而不如大快朵颐。次日早晨吃个色拉调节一下即可。

## 2 不麻烦——减少需要清洗的碗碟！

蔬菜和奶酪只需要用手简单准备，不用动刀。如果需要切肉或培根，在切菜板上垫一张厨房纸巾。像咖啡店那样把所有消夜放在一个大盘子里。

## 3 不勉强——简单没什么不好！

小番茄、豆腐、纳豆、鸡蛋豆腐、海藻等简单处理就能吃的食材最适合晚上作为消夜。如果想吃一些热的，在锅中放入卷心菜、猪肉和鸡汤煮个暖锅，简单又美味。

NIGHT

# 有点想辞职……对现在的工作产生『怀疑』时的冷静分析法

STEP1

## 为现在这份工作开一张“审视清单”

首先把现在这份工作的优缺点列出来。

现在的工作（公司）的优点

1. 部门内部人际关系好
2. 弹性工作制很自由
3. 直属上司很好说话

现在的工作（公司）的缺点

1. 工作量大
2. 要负责很多项目
3. 财务不配合
4. 新方案很难通过
5. 没有加班费
6. 销售经理难相处
7. 业绩要求高
8. 没有住房补贴

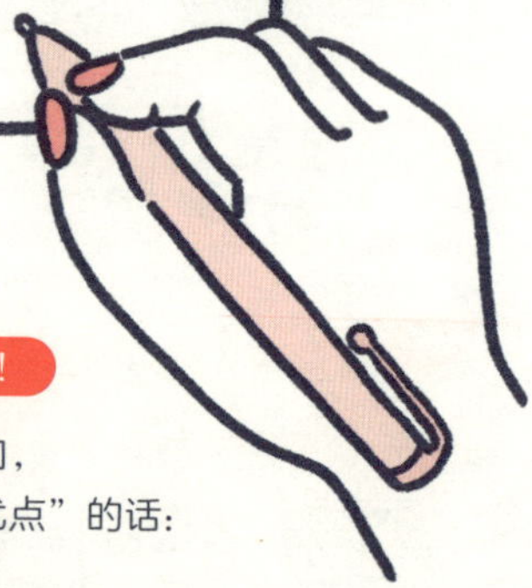

**值得注意的关键点！**

缺点有时也是优点。例如，
如果把“缺点”看成“优点”的话：

工作量大 ➡ 不会闲着没事做
要负责很多项目 ➡ 能积累各种经验
新方案很难通过 ➡ 按照既定路线会更顺手
业绩要求高 ➡ 对你有期待

……是不是视角不一样了呢？

STEP2

## 将“缺点”划分为四类

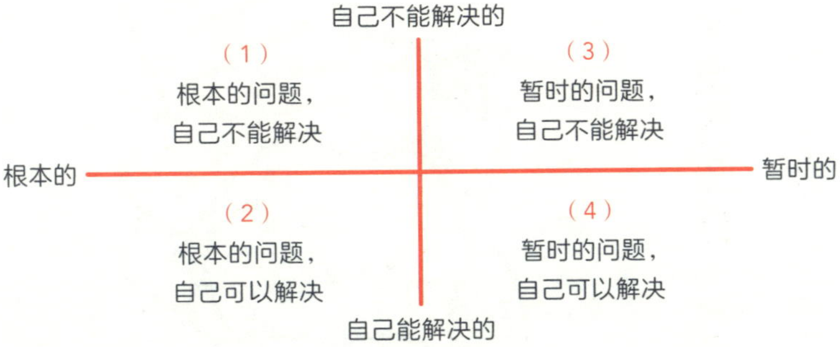


## STEP3 最终分析

**（1）的情况下可以考虑换工作**

➡ 因为自己不能解决，是相对根本的问题，可以考虑更换工作环境。“5. 没有加班费”和“8. 没有住房补贴”都属于这一类。

**（2）（4）的情况下如果自己能调整，试着自行解决**

➡ 如果一个人很难处理，找上司或同事商量一下，通过工作方式的变化，或许能够找到圆满解决的方案。“1. 工作量大”“2. 要负责很多项目”“4. 新方案很难通过”“7. 业绩要求高”都属于这一类。

**（3）的情况下，虽然自己无法解决，暂时静观其变**

➡ 过一段时间，也许会发生部门调动、人事调动，你的问题或许就不攻自破了。“3. 财务不配合”和“6. 销售经理难相处”属于这一类。

想要换工作的时候，重点不要放在对当前工作的不满，而是怀抱希望，展望自己真正想做的。我也换了好几份工作呢！

NIGHT

# 总觉得工作一点意思都没有

## 发现『工作的意义』五个自问自答

**今天，你妥协了吗？**

工作的成就感，与你付出的热情成正比。如果你在工作中偷了懒，没有全身心投入，自然不会感觉到意义。调整自己的心态，世界会截然不同。

**是否在被推着走？**

如果对工作内容不感兴趣，做起来的确会很辛苦。好好想一想，自己能从现在的工作中学到什么，获得什么收获？实在没办法，就直接找上司倾诉吧。

**为什么有人乐在其中？**

有些同事看上去非常乐在其中，在公司里风风火火的。如果在职场看到值得学习的榜样，千万不要错过，直接向他们取取经。或许他们能教会你许多。

**或许你是个很积极的人？**

认为现在的工作没有意义，实际上表示你对工作的要求比较高。正因为向前看，希望有所进步，才会那么多不满意。换个角度想想，也无可厚非。

**工作原本就是无趣的吗？**

实际上，95% 的工作都是重复性的。每个人都可以胜任的工作，如何投入其中，这实在是一门深奥的学问。这个问题的答案唯有慢慢领悟。

工作的三要素

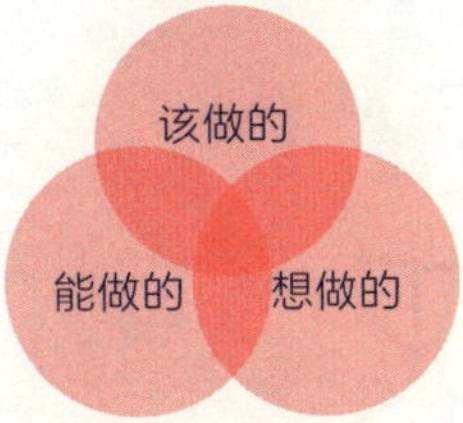


工作的三要素是该做、想做和能做。三要素有机结合，你就会是最幸运的人。

NIGHT

# 跟消极情绪说再见的小诀窍

## 今天的负面遭遇挥之不去

### 绕个远路，换换心情

不要把负面情绪带回家，绕个远路、去餐厅吃饭、泡咖啡馆到深夜或是去澡堂泡泡澡，让心情变好再回家。

### 让四种香味环绕自己

总是被不开心的事情纠缠，推荐“天竺葵”；有事情放心不下，感到烦躁时推荐“橙花”；感到孤独和悲伤，需要支持时推荐“马郁兰”；想缓解紧张和愤怒等负面情绪时推荐“甘菊”。

### 直视自己，深呼吸

舒服地坐下来，闭上眼睛，慢慢地深呼吸，让空气进入鼻腔、喉咙、胸腔，重复 2 ~ 4 次。感受自己重新平静下来。

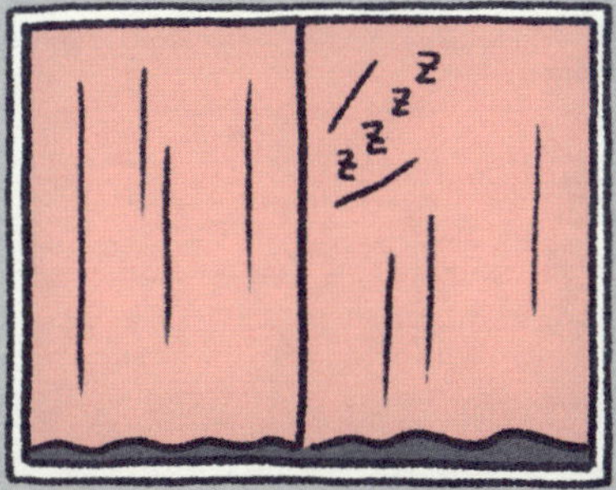

### 无意义的减压道具

工作总是在追求“意义”和“成果”，把这些东西全都抛诸脑后，通过一些减压道具发泄心中的烦闷。例如在白领人群中格外流行的减压“捏捏乐”，能让你停止无谓的思考，隔断负面情绪的恶性循环。

### 什么都不做

感到疲劳时，总想着如何消除疲劳，有时候反而适得其反。干脆什么都不做，早早上床，不要胡思乱想，好好睡上一觉。

NIGHT

# 每天都在一味重复

## 提前一天决定

# 明天要做哪些新的『尝试』

每天都在一味重复，好无趣。不要关闭自己的好奇心，其实，能够激发你的东西数不胜数。每天睁开眼睛，去尝试一些新的东西吧！

### ① 在常去的餐厅点“没吃过”的菜

经常去某一家餐厅的话，是不是总是点差不多的几道菜呢？好好看一下菜单，尝试一道没吃过的菜，或许你会喜欢上这不一样的味道。就算失败了，也是一个重新审视自己的机会。

### ② 在“没来过”的车站下车

每个车站都有不同的风景，下班回家，提前一两站下车，在陌生的街道漫步，发现与平日里不一样的人、事、物。回到家，你会因为自己的行动力而充满自信。

## ③ 购买“没尝过”的水果

在百货商场地下的高级超市购买水果，那里网罗了许多来自异国他乡的高级水果，有些非常少见。挑选一款没吃过、不认识的尝一尝，新鲜的香味和口感会让你格外满足。

## ④ 邀请“没约过”的同事

如果对哪位同事或客户感兴趣，找个机会邀请对方一起吃晚餐或喝咖啡，坐下来好好聊聊天。不要总是被动接受，主动出击，说不定你们会成为无话不谈的好朋友。

## ⑤ 浏览“没看过”的货架

每个人都有自己的偏好，杂志、书籍、音乐、电影都是如此。因此，如果有机会去书店，走到平时不会光顾的货架面前，浏览一下，发展新的兴趣。

## ⑥ 体验“没试过”的美容

下班路上逛个街，做个美甲，或是去美容院护理睫毛，体验从未尝试过的美容护理。外在的改变会显著地改变我们的心情。

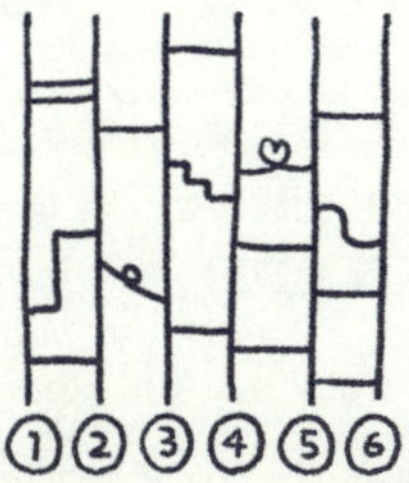

NIGHT

# 想要好好睡一觉

## 开启深度睡眠模式

# 『一觉到天亮』的六个仪式

### 跟自己说晚安

1

晚安，好好睡一觉

躺在床上，对自己说晚安，你会自然而然地进入睡眠模式。想象一下小时候，父母也是这样哄我们入睡的。

### 一杯热饮能让你更放松

2

生姜茶
热牛奶
草本茶
哇，可以好好放松了

温热的牛奶、豆奶、草本茶、生姜茶等饮料能温暖身体，放松身心。特别是牛奶，具有非常出色的助眠功效，推荐在睡觉前饮用。

## 把今天的开心事写下来

3

为自己安排几件睡前必做的事，顺利开启睡眠模式。例如在笔记本上记录下几件值得开心的事，心怀感激地回顾一整天，令晚间有个好心情。

## 听自己身体的声音

4

在被窝里，捂住耳朵，倾听自己身体发出的声音，心脏的跳动等等。这是一种有效的声音疗法，渐渐地，你的心会平静下来。

## 关闭电视、手机和网络

5

现在社会越来越离不开电子产品，在睡觉前一小时，看看照片、读读书，或是涂抹指甲油，按摩身体，总之暂时与屏幕保持距离。

## 闭上眼睛发挥想象力

6

在被窝里，想象一下出国旅行、美丽的景色、未来的规划、想购买的服饰等等，渐渐让自己进入美丽的梦乡。不要让负面情绪占据脑海。

NIGHT

# 让环境更适宜安睡
# 打造一觉到天亮的卧室！超简单小贴士

**星空**助眠法

点点星光具有很好的助眠效果，在室内用星光贴纸进行装饰，淡淡的荧光很特别。

**照明**助眠法

白炽灯的白光有刺激大脑的作用，在入睡前 30 分钟关灯，切换成黄光灯等间接照明，蜡烛照明也非常助眠。

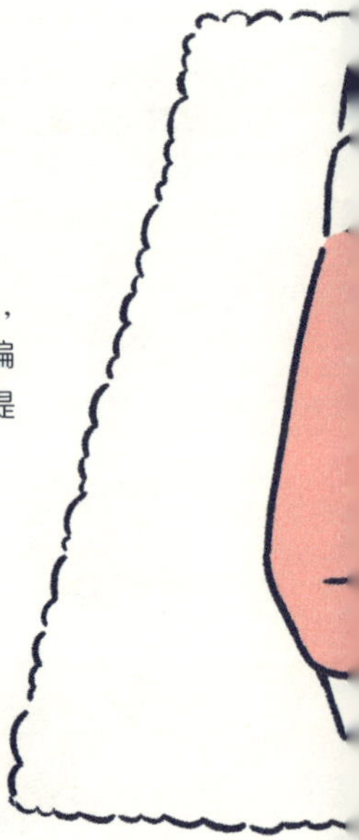

**触感**助眠法

选择肌肤触感柔软的枕头、被单，躺在床上分外放松。挑选个人偏爱的被褥、抱枕等睡眠单品，提升睡眠质量。

**温度**助眠法

空调的温度要刚刚好，不能太热也不能太冷，夏天最舒适的温度是 26℃ ~ 28℃，冬天是 18℃ ~ 23℃。

### **音乐**助眠法

比起完全没有声音，人的大脑会在听到些许声响的时候释放阿尔法波。鸟叫声、海浪声等所谓“白噪声”具有助眠效果。

### **香氛**助眠法

具有助眠效果的香薰精油，包括薰衣草、香草、茶树、甘菊等。无须专门的香薰设备，将滴上精油的纸巾放在枕边即可。

### **指压**助眠法

按压特定穴位也有助眠的功效。头顶、鼻子与耳朵延长线的交点是百会穴，用中指按压。也可以按压耳朵后方凸起的骨骼，大约向下一个手指的地方就是安眠穴。

### **湿度**助眠法

空气太过干燥也会导致睡不好，冬天还会因此影响喉咙和皮肤的状态，甚至感冒。留心为房间增加湿度，早晚开窗通风换气。

NIGHT

# 明天又要上班！用『励志警句』提高工作的积极性

## 为理想与现实的距离而烦恼时

你可以成为更好的自己，永远都不晚。

——乔治·艾略特

## 想到明天的工作心绪烦乱时

不要为明天忧虑，因为明天自有明天的忧虑；一天的难处，一天担当就够了。

——《圣经·新约》马太福音

## 找不到工作的意义和目的时

人通过工作，最终成型。说什么人格形成未免上纲上线，但一个人从事的工作，与他的脾气性格是无法割裂的。

——小关智弘

## 因为失败而垂头丧气时

你现在感受到痛苦，然而苦尽才会甘来。

——阿兰

## 筋疲力尽，甚至感到绝望时

饿吗？想吃东西吗？没关系，人生才刚开始。

——田边圣子

## 工作碰壁后悔不迭时

做正确的事情，做了不起的人。

——电视剧《跳跃大搜查线》

## 犹豫要不要辞职时

生活与工作同在。工作是别人给予的。做适合自己的，能够胜任的工作，为他人提供帮助。这就是生命的价值所在。有工作可做是多么值得感恩的啊。

——濑户内寂听

## 心情不好的时候

结婚、生产、育儿、病痛、照料家人……这些都会成为女性职业道路上的分岔口。如果你想在职场闯出一片天地，就不要把这些作为逃避的借口。人生苦短。就算花一辈子，也未必能做好一件事。既然决定做，就坚定信念做到底，女性更需要铁一般的意志。

——清川妙

NIGHT

# 一觉醒来又要上班

## 期待清晨的到来

# 为明天做好准备

alarm clock

### 准备各种特别的闹钟

有些闹钟对光线有反应，有些则是需要举上举下 30 次的哑铃闹钟，挑选一款或几款特别的闹钟，还可以尝试每天更换不同的闹铃。

Music timer

### 将喜欢的歌曲设为闹铃

在手机上，将喜欢的歌曲设置为闹铃。挑选一首歌，把它作为明天的主题曲。

Fun breakfast

## 在家里尝试烘焙

刚刚烤好的面包别提有多香了！有些面包机可以设定时间，预先放入食材，在被窝里就会闻到阵阵香气。

## 在早餐时段品尝甜品

平时可以留意一下老字号甜品店，列出几款感兴趣的甜品，前一天买来放入冰箱，让第二天起床时充满期待。

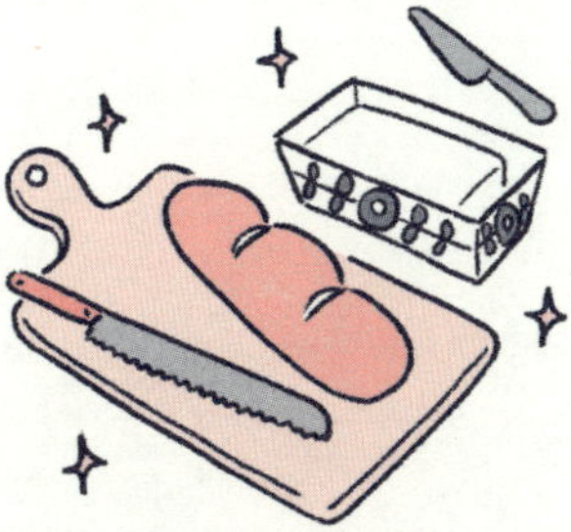

## 品尝不同品种的红茶、咖啡

没有太多时间准备早餐，那就在家里准备不同品种的红茶和咖啡吧，给每天早晨带去些许变化。

## 准备一套精致的早餐用具

经常吃吐司的话，可以准备一套精致的黄油盒、黄油刀，选购稍微贵一些、质地精致的品牌，每天早晨都乐在其中。

读完这本小书，一定会对你的工作有所帮助。

虽然并不讨厌工作，但总觉得懒懒的。不知为何，心里沉甸甸的。有的日子，不太想去公司。

不过，种种的压力，也许恰恰说明了你对每天的工作是如此认真。

『眼睛看得到的成果，比努力的过程更重要。』也许，社会是依照这样的标准进行评判的吧。

可是，『过程』也是一种『结果』。你在工作中的姿态、言语、举止，你这个人本身，都是职场氛围的一部分，你的重要性不言而喻。

明天开始，爱上工作。不勉强自己，享受过程，工作会造就你。

因此，这本小书帮助你更好地度过『工作时间』，也就间接帮助了无数的『其他人』收获幸福。

不要谦虚，不要以为这是『小题大做』。无论多么不起眼的工作，一定会以某种形式，与其他人的幸福密切相连。

没错，正因为你每一天的努力，这个世界才会保持运转。

图书在版编目（CIP）数据

向上吧！女孩 / 日本文响社编辑部编；罗越译 . —
北京：中信出版社，2019.3
ISBN 978-7-5086-9887-8

Ⅰ . ①向… Ⅱ . ①日… ②罗… Ⅲ . ①女性－成功心
理－通俗读物 Ⅳ . ① B848.4-49

中国版本图书馆 CIP 数据核字（2019）第 000609 号



向上吧！女孩

编　　者：日本文响社编辑部
译　　者：罗　越
出版发行：中信出版集团股份有限公司
　　　　（北京市朝阳区惠新东街甲 4 号富盛大厦 2 座　邮编　100029）
承 印 者：北京盛通印刷股份有限公司

开　　本：880mm × 1230mm　1/32　　印　　张：6.5　　字　　数：90 千字
版　　次：2019 年 3 月第 1 版　　印　　次：2019 年 3 月第 1 次印刷
京权图字：01-2019-0500　　广告经营许可证：京朝工商广字第 8087 号
书　　号：ISBN 978-7-5086-9887-8
定　　价：48.00 元